青少年 **科普知识** 读本

打开知识的大门，进入这多姿多彩的殿

U0670217

探寻恐龙的足迹

苏 易◎编著

河北出版传媒集团

河北科学技术出版社

图书在版编目(CIP)数据

探寻恐龙的足迹 / 苏易编著. --石家庄：河北科学技术出版社，2013.5(2021.2重印)
ISBN 978-7-5375-5888-4

Ⅰ.①探… Ⅱ.①苏… Ⅲ.①恐龙-青年读物②恐龙-少年读物 Ⅳ.①Q915.864-49

中国版本图书馆 CIP 数据核字(2013)第 095510 号

探寻恐龙的足迹

tanxun konglong de zuji

苏易　编著

出版发行	河北出版传媒集团	
	河北科学技术出版社	
地　　址	石家庄市友谊北大街 330 号(邮编:050061)	
印　　刷	北京一鑫印务有限责任公司	
经　　销	新华书店	
开　　本	710×1000　1/16	
印　　张	13	
字　　数	160 千字	
版　　次	2013 年 6 月第 1 版	
	2021 年 2 月第 3 次印刷	
定　　价	32.00 元	

前言

Foreword

探寻过去，追踪历史，了解我们生活的地球，认识我们这个世界曾经的霸主——恐龙。

我们所在的天地，历史久远，数度沧桑。就在亿万年前，这里曾经是体型庞大的恐龙的游乐场，这里的广阔的大地和浩瀚的海洋都曾经是恐龙的地盘，是恐龙的角斗场，是其他动物的梦魇之地。但是再强大的动物也挡不住沧海桑田的巨变，再强大的霸主也挡不住大自然的力量，宇宙间不知哪一股神秘力量，将这个庞然大物轰然推倒，不知道是什么原因让地球遭遇了一场生死浩劫，而这场浩劫也终结了称霸地球亿万年的恐龙的繁衍历史，让曾经的辉煌变成深埋地下的尘土，留给后世无限的遐想。

1

人类的好奇心永远存在，人类的进步就是在这种答疑解惑的探索过程中实现的。本书为满足读者的好奇心、拓展读者的视野，选取最科学的恐龙考古研究和恐龙知识，并按照恐龙的生活年代和习性，精心分门别类，将三叠纪时代、侏罗纪时代、白垩纪时代的恐龙进行细致划分，探寻恐龙王国的奥秘悬疑，展现出大自然的奇妙和生命的神秘。

本书主题鲜明，语言通俗易懂，图文并茂，将恐龙世界的真实面貌向读者娓娓道来，探究恐龙王国崩塌的背后真相，全方位展示恐龙世界的悬疑，零距离接触真相，感叹自然的变幻和宇宙的力量。为广大青少年读者奉献一场视觉盛宴！

前言

目录

Contents

生命密码——揭晓恐龙的惊人秘密

目录

Contents

三叠纪——辉煌的前奏

侏罗纪——霸主的盛世

目录

Contents

目录

霸王根基——恐龙称霸的奥秘

白垩纪——没落的时代

目录

Contents

奇情妙想——恐龙绝迹后的探秘

目录

生命密码——
揭晓恐龙的惊人秘密

它们曾是人类出现之前这个蓝色星球上的唯一霸主，它们统治远古大地达一亿6000万年之久，它们中的一些个体拥有有史以来陆生生物中最为庞大的身躯，它们就是哺乳动物出现前最为伟大的族群——恐龙！

恐龙知识普及

恐龙最初出现在什么时候？

我们至今所知，最早的恐龙是黑端龙和叶字龙，这些肉食恐龙在三叠纪晚期开始生活在南美。它们是由 22 500 万年前一种像鳄鱼的槽齿动物进化出来的。

恐龙是在什么时候灭绝的？

大约 6500 万年前，在白垩纪最末尾时，恐龙灭绝了。大约在这之前的几百万年内，恐龙的数量渐渐减少，最终灭绝。

到底有多少种恐龙？

曾有人估计，恐龙的种类为 900～1200 种，科学家认为，已发现的恐龙，大约是曾存在过的恐龙种类的 1/4。

什么地区恐龙种类最多呢？

在加拿大西部及美国西部的三叠纪、侏罗纪和白垩纪岩层中，保存着不同品种恐龙的遗骨。它们包括肉食恐龙双冠龙，异特龙和虚形龙，长颈的素食恐龙雷龙和腕龙，两脚的素食恐龙冥河龙和冠龙，甲龙类的包头龙和背上有板块的剑龙三角龙。

哪一种恐龙活动范围最广？

看起来禽龙的活动范围最广，从美国、欧洲到蒙古都发现过它们的化石。其他活动范围广阔的恐龙有：科罗拉多和坦桑尼亚的腕龙，阿尔伯达和阿拉斯加的厚鼻角龙，中国、蒙古和西伯利亚的鹦鹉龙，德克萨斯和阿尔伯达的加斯莫龙。

恐龙世界之最

最高的恐龙——极龙。抬起头高达 17 米。

最长的恐龙——地震龙。应超过 40 米。

头骨最大——牛角龙。2.7 米的头骨是所知的任何陆上动物中最长的。

牙齿最大——霸王龙。能切割肉的牙齿超过 15 厘米。

颈最长——马门溪龙的颈有 11 米长。

最大的利爪——镰刀龙。最长一只爪的骨头长度为 70 厘米，臂长 2.4 米。

最长的冠——副冠栉龙。中空的冠从头骨后伸出近 1.8 米。

最长的角——三角龙。3 只角一只在鼻端，另两只分别在双眼的上方。眼角骨核超过 1 米，算上角套则更长。

最小的恐龙——细颚龙。只有 1 米长，2.5 千克。

最像鸟的恐龙——似鸟龙。头颅很像鸟，有些科学家认为它有羽毛并能飞。

眼睛最大的恐龙——奔龙。眼睛直径约 8 厘米。

跑得最快的恐龙——侏罗纪早期生活于亚利桑那州的一种细小恐龙，它的时速达 6500 米。

寿命最长的恐龙——也许是长颈素食恐龙。寿命为 100～200 岁。

脑最小的恐龙——剑龙。脑重 70 克，是体重的 1/250 000（人类为 1/50）。

蛋最大的恐龙——高脊龙。蛋长 30 厘米，直径 25 厘米，约和鸵鸟蛋一样大。

最善于在水中生活的恐龙——长颈素食恐龙。

已发现的最大的恐龙骨头——1988 年，在科罗拉多州发现的一只长颈素食

恐龙的实心的髋骨结构，包括有髋骨和连接的脊椎，高 1.8 米，长 1.4 米，重 680 千克。

已发现的最细小的恐龙脚印——可能是一种肉食恐龙。有 3 只脚趾，脚印不到 2.5 厘米长，估计这种恐龙只有燕子那么大。

最长的一组恐龙化石脚印——美国科罗拉多州侏罗纪晚期岩石上，有一组雷龙走过留下的脚印，持续达 215 米。

出土恐龙品种最多的国家——美国，约 64 种；蒙古国，40 种；中国，36 种；加拿大，31 种；英国，26 种。

最先架搭的恐龙骨骼——鸭嘴龙的骨骼。1868 年，在费城自然科学院，作有史以来第一次展出。

最大架搭的恐龙骨骼——腕龙骨骼。长 22.2 米，肩部高达 6 米，头昂起离地面 11 米。

最高架搭的恐龙骨骼——巴洛龙的骨骼。其头部高出美国自然史博物馆地板 16.8 米。

这就是恐龙

恐龙是一群中生代的多样化优势脊椎动物，支配全球陆地生态系超过 1.6 亿年之久。恐龙最早出现在 2.45 亿年前的三叠纪，大规模灭亡于约 6500 万年前的白垩纪晚期所发生的白垩纪末灭绝事件。恐龙最终灭绝于 6300 万年前。

在 1862 年发现的始祖鸟化石，与美颌龙化石极度相似，差别在于始祖鸟化石有着羽毛痕迹，这显示恐龙与鸟类可能是近亲。

自从 20 世纪 70 年代以来，许多研究指出，现代鸟类极可能是兽脚亚目恐

龙的直系后代，少数科学家甚至认为它们应该分类于同一纲之内。鳄鱼则是另一群恐龙的现代近亲，但两者关系较恐龙与鸟类远。

恐龙、鸟类、鳄鱼都属于爬行动物的初龙类演化支，该演化支首次出现于晚二叠纪，并在中三叠纪成为优势动物群。

在 20 世纪前半期，科学家与大众媒体都视恐龙为行动缓慢、慵懒的冷血动物。但 20 世纪 70 年代开始的"恐龙文艺复兴"，提出恐龙也许是群活跃的温血动物，并可能有社会行为。

近期发现的众多恐龙与鸟类之间关系的证据，支持了恐龙是温血动物的假设。

从化石了解恐龙

恐龙化石

恐龙类动物出现在距今约 2.45 亿年的三叠纪，经过侏罗纪，消失于距今约 6500 万年的白垩纪，前前后后有着 1.6 亿年的历史，但人类直到相当晚的时候才知道有过恐龙的存在。

人类发现恐龙是从研究恐龙化石开始的。

"化石"这个词原来字面的意思是指"挖出来的东西"，而现在指的是石化了的生物（包括动物或植物）的遗留部分。

古代的生物被掩埋在沉积物中，这些沉积物可以堆积在陆地上，也可以堆积在江、湖、河、海的水底，还可以堆积在沼泽地。生物体中的软组织部分（皮肤、肌肉、内脏等）很快就腐烂了，但是坚硬的部分（如骨骼、牙齿、外壳等）被遗留下来，经过了几万年、几十万年、几百万年甚至更长的时间，含有矿物质的地下水浸入了它们，矿物质就逐渐代替了它们的有机组织，也就是说逐渐形成了化石，化石仍然保持了原来有机组织的形状和大小。

由于不同时期的化石存在于不同的地质层中，科学家就可以据此分析生物进化的过程，也可以通过对化石的分析，用比较解剖学的原理，由不完整的骨骼化石推测出整个动物的大小、形状乃至于它们的习性。

19 世纪以来，研究岩石中的动物、植物化石并解释它们存在的一门特殊科学已经发展起来，这门介于生命科学和地球科学的学科，被称为古生物学。

当时，经过与宗教和迷信的长期斗争，人们对于化石的本质有了较正确的认识，但那时候许多古生物学家还是"业余"的，英格兰的曼特尔就是其中的一个。

曼特尔的主要职业是乡村医生，但他和妻子都爱好收集化石标本。1822年的一天，他的妻子陪他一同出诊，当他在为患者诊治时，他的妻子在屋外修路的工地上发现了一些奇特的牙齿化石。

曼特尔描述说，这是一些很大的牙齿，根据牙冠被磨光的斜面来判断，很像是某种大型"厚皮兽类"已经磨损的门齿的一部分。曼特尔医生追踪找到了出产这批化石的采石场，他希望能找到这种兽类的其他部分的骨骼化石，但他未能成功。

这种牙齿化石出现在白垩纪铁砂组的岩层中，这使研究化石的专家们感到很惊异，因为这个地层太古老了，当时认为，在这个地层中根本不可能有哺乳动物的化石。

作为一名科学家，曼特尔对这种与当时传统观念不符的发现持慎重态度，他希望在正式展示他的发现之前，多听听同行的意见，更希望得到著名专家的指点和支持。

在伦敦召开的一次学术会议上，曼特尔把他发现的牙齿化石给三位著名的专家看过后，这三位专家的回答使曼特尔感到非常失望，他们断言他的发现"没有什么特别的意义"。

曼特尔并不甘心，他把一颗牙齿化石送到巴黎，请当时负有盛名的解剖学家巴龙·居维叶作鉴定，居维叶给他的答复说："这是犀牛的一颗上牙。"

由于权威人士的断然否定，曼特尔明智地推迟了自己著作的发表时间。他把自己发现的牙齿化石带到了伦敦的亨特利安博物馆，与馆藏的各种化石标本进行了比较，结果未能找到与他发现的牙齿化石类似的标本。

帮助曼特尔进行研究的一位青年科学家斯特契贝雷发现曼特尔找到的牙齿化石与他正在研究的中美洲生存的一种名叫大鬣蜥的牙齿很相似。

普通的大鬣蜥只有1.2米长，按牙齿的比例类推，曼特尔发现的"大鬣蜥"体长可达约12米，显然这是一种已经灭绝的巨大的食草爬行动物。曼特尔将这种动物命名为"禽龙"。

1825年，他在英国皇家学会会刊发表的一篇简报中，报道了关于禽龙化石的发现，这篇文章可以说是第一篇正式发表的关于恐龙的论文。

以后，恐龙之类的化石又陆续有所发现。

1842年，英国古生物学家欧文为了说明在中生代地层中发现的陆栖的大型爬行动物，首先创造了"Dinosaur"（恐龙）这一名称。该词是由"Deinos"（恐怖的）和"Sauros"（蜥蜴）组成的，意思是"恐怖的蜥蜴"，因为中国一向有关于"龙"的传说，所以译为"恐龙"了。

著名的恐龙化石产地

世界上有些地区，恐龙化石特别丰富。如美国的犹他州和科罗拉多一带、加拿大的阿尔伯达省、非洲的坦桑尼亚、蒙古人民共和国和中国的内蒙古地区以及四川盆地、云南禄丰盆地和河南南阳地区等。

美国西部的犹他州和科罗拉多一带，盛产侏罗纪晚期的恐龙化石，尤其在两州之间的"恐龙三角区"，化石特别集中。大名鼎鼎的恐龙大汉雷龙、梁龙和身披奇怪骨板的剑龙、大型食肉恐龙——跃龙都是在这儿发现的。恐龙化石的发掘工作始于1877年。现在恐龙三角区内建有4个陈列恐龙化石的博物馆，在世界上颇有影响。

加拿大西部的阿尔伯达省产有大量白垩纪晚期的恐龙化石。在这里发现的霸王龙、鸭嘴龙、甲龙、角龙等化石非常有名，发掘历史已有80多年，建有世界上最大的恐龙公园，园内的梯雷尔恐龙博物馆负有盛名。

蒙古人民共和国与中国内蒙古地区，是白垩纪早期至晚期恐龙化石的重要产地。有学者认为，白垩纪时这儿很可能是地球上最大的恐龙王国。在中国内蒙古一带，恐龙化石的发掘工作取得了显赫的成果。内蒙古被认为是中国最大的"恐龙之乡"。这儿主要产角龙和甲龙的化石，而且从幼年到成年的个体都有，十分难得。

非洲东部坦桑尼亚的坦达古鲁，是侏罗纪晚期恐龙化石的著名产地，发掘历史已有80多年。曾经有大量巨型蜥脚类恐龙化石在那里出土。最有名的要数腕龙了，它是世界上已知最重的恐龙。

中国云南的禄丰产有侏罗纪早期的恐龙化石，是中国早期恐龙化石最重要的产地。著名的禄丰龙化石就是在这儿发现的。

中国的四川盆地素有"恐龙之乡"的美誉，是侏罗纪早、中、晚期恐龙的重要埋藏地，以中晚期的恐龙化石最丰富。著名的马门溪龙、峨眉龙、永川龙、华阳龙、沱江龙都产自该盆地。四川恐龙化石也很多，研究恐龙的历史已近70年。但进行大规模的发掘和较详细的研究工作，还仅在自贡市郊的大山铺一地。

中国河南南阳地区，盛产保存完好的白垩纪晚期的恐龙蛋化石。

白垩纪末期的恐龙蛋化石

世界上许多国家都发现了恐龙蛋化石，但数量不多。据1993年前的统计，总数为500枚左右。

奇怪的是，恐龙蛋化石在产出的时代上，绝大多数是白垩纪晚期的，尤以白垩纪快结束的时候最多。

1993年，从中国河南省爆出一条轰动世界的科学新闻：南阳的西峡等县发现了大量的恐龙蛋化石，仅西峡一县就出土了5000多枚。

有意思的是，河南发现的恐龙蛋化石也是白垩纪晚期的；这不是说其他时代的恐龙蛋化石绝对没有，而是数量很少。比如在侏罗纪、三叠纪都曾有恐龙蛋化石发现，但比起白垩纪来要少得多。

人们不禁产生了疑问：为什么白垩纪晚期的恐龙蛋化石这么多，而其他时

代的恐龙蛋化石却那么少，是那个时代的恐龙特别爱下蛋，最容易成为化石吗？不是。

白垩纪末期的恐龙蛋化石之所以多，说明当时恐龙蛋孵化率很低，大量蛋不能孵出小恐龙，结果长期埋在沙土中变成了化石。相反，其他时代的恐龙蛋大多已孵出了小恐龙，因而形成化石的机会很少。

至于恐龙蛋不能孵化的原因，目前大体上有两种观点。有的科学家认为白垩纪末期气候变得干燥、寒冷，雌恐龙内分泌失调，导致生下了没有孵化能力的薄壳蛋。

另有一些科学家认为恐龙的性别是由孵化时的温度决定的。白垩纪末期气候开始变得寒冷，致使孵出的恐龙女多男少，造成性别比例严重失调。这样的情况下，大多数雌恐龙下的蛋没有机会受精，就成了育不出后代的"哑蛋"。

恐龙的致命武器

恐龙的牙齿，数霸王龙的最为可怕。在它的大嘴巴里，参差不齐地长着很多巨大的、匕首般的尖牙利齿。牙齿微向后弯，边上呈锯齿状，最大的足有20厘米长。真是刀光剑影，寒气逼人。

霸王龙的牙齿清楚地表明，它是一个凶猛的吃肉的恐龙。被它咬住的动物，恐怕是很难挣脱的。

所有嗜杀成性的大型肉食恐龙，都长有这样厉害的牙齿。仔细观察一下它们的牙齿，你就会发现，牙齿的形状全都一个样，只是大小略有不同。科学家称它们为"同型齿"。

吃植物的恐龙也长着同型齿，但不像肉食龙那么尖锐锋利。它们的牙齿有如勺子形状的，有如钉棒形状的，也有如叶片形状的。它们中鸭嘴龙的牙齿最为奇特，多达 2000 余个。叶状的牙一个挨一个地长着，密密麻麻地排成数行，像锉刀一样。

大概鸭嘴龙吃的植物比较粗糙，所以才长出这样怪的牙齿。恐龙一般都是同型齿。这种牙有缺点，功能不够齐全，在撕咬、切割或压碎食物方面很管用，但却不能咀嚼食物。所以恐龙吃东西是"囫囵吞枣"式的吃法。

有趣的是，恐龙等爬行动物的牙齿生长，总是以新替旧，老牙磨光了，新牙就来接班，一生要换好几次呢！

牙齿是为吃东西才长出来的，如果没有牙岂不是就没法吃东西了？有趣的是，有的恐龙嘴里一颗牙也没长。例如似鸟龙就是不长牙的恐龙；与恐龙血缘密切的鸟类也没有牙。其实它们原来都是长有牙的，后来退化了。不过，这些无牙的恐龙都长有鸟那样的角质喙以及特殊的消化器官，这就是不长牙的秘密。

恐龙的牙齿是同型齿；哺乳动物正相反，是异型齿。它们的牙齿已分化成门齿、犬齿和颊齿，各有不同的功能。

犬齿主管攻击、自卫、扑杀和撕咬猎物；门齿主管切割食物；颊齿专门负责咀嚼，对食物进行精加工，食物被嚼碎后再吞下肚去，食物中的丰富营养就能更好地被身体所吸收。

哺乳动物中吃肉的动物的犬齿都特别发达，如虎、豹、狗、狼等；吃植物的哺乳动物的犬齿一般都退化了，有的变成了门齿状，有的干脆消失不见了。

恐龙喜欢吃石子吗

1922 年，美国的中亚科学考察队，曾在中国内蒙古和蒙古人民共和国交界

地带发掘出大量恐龙化石。

有一天，科学家在发掘出的一具素食恐龙骨架的胃部，意外地发现了112颗小石子，这些小石子已被高度磨光了。

很明显，这些小石子是这条恐龙活着的时候吞进胃里去的。它们长时间待在胃里，并随着胃的蠕动与食物一起反复搅拌，渐渐地被磨光了。也许，恐龙吃石头既不是为了好玩，也不是因为石头里有什么营养。恐龙没有咀嚼食物的臼齿，食物未嚼碎就吞进肚里去了，它吃石头可以帮助消化胃中的食物。

古生物学家称这些石头为"胃石"。胃石经常在埋藏恐龙骨骼化石的地层中发现。例如，在美国蒙大拿州富含恐龙化石的白垩纪早期的地层中，就发现了上千块这样的胃石。

胃石是外来之物，但实际上却是恐龙消化器官的一个重要组成部分，是不可缺少的东西。

其实，现在地球上的动物中，也有经常吃石头的。鸡就常常吞食一些砂石，鳄鱼吃石头更是家常便饭。它们吃石头都是为了帮助消化。

胃石由于被磨得圆溜溜的，看起来跟河中的卵石或沙漠中由风蚀作用形成的圆石块很相似。如果胃石不同恐龙的骨骼一同发现的话，人们就会把它们当成一钱不值的废石头丢掉。想来一定有很多胃石就是这样被丢弃在野外，实在可惜。

不久前，美国科学家发明了用激光技术鉴别胃石的方法，能将胃石和卵石区别开来。这样，胃石就不会被随随便便扔掉了。

胃石是恐龙留下的档案材料之一。胃石不易磨碎或风化，保存为化石的机会比骨骼多。在地层中，只要发现了胃石，就是没有发现其他化石，古生物学家也能知道恐龙曾在这儿生活过。

恐龙会有什么样的皮肤

恐龙的皮肤很难保存为化石。从发现的少数皮肤印模化石来看，大部分恐龙具有与现生爬行动物相似的皮肤：粗糙坚韧的鳞甲或角质突起。霸王龙类的肉食恐龙皮肤很粗糙，上面长有一排排高出表面的大鳞片；梁龙、雷龙、马门溪龙等蜥脚类恐龙的皮肤与蜥蜴近似，有比较粗糙的、颗粒状的鳞片，但比霸王龙平坦；鸭嘴龙的皮肤上布有多边形的角质突起或小瘤，这种突起在体表各处的大小不同；剑龙的皮肤上有细小的鳞片，与现生的蛇和蜥蜴差不多；角龙的皮肤有成排的、大而呈纽扣状的小瘤，从颈部一直排列到尾部。甲龙的皮肤最有趣，它身披坚硬的甲板。甲板上常长有大的瘤或刺一样的突起，活像古代武士的铠甲。

一些学者推测，较进步的肉食龙，如窄爪龙，皮肤上可能长有毛发之类的东西，有的则可能长有鸟那样的羽毛，这类恐龙大概就是始祖鸟的祖先类型。

尽管恐龙皮肤的结构有皮肤印模化石参考，但皮肤的颜色就难以找到化石依据了。以往在很多书上，恐龙的皮肤被画成单调的泥棕色、浅灰色或草绿色，这大概是受到哺乳动物皮肤颜色的影响。哺乳动物大都是色盲，因而皮肤颜色比较灰暗。而爬行动物的"外套"，大都有亮丽的颜色。

许多学者认为恐龙是色彩斑斓的动物，并具有伪装色。有些恐龙以颜色互相辨认；有些恐龙把颜色作为夸耀自己的"本钱"，特别在配偶面前，更是不

13

遗余力地显示自己漂亮的色彩。因为现生的很多爬行动物都是这样的，恐龙是不是也这样呢？科学家推测，恐龙皮肤的颜色可能还有调节体温的作用。有的恐龙皮肤可能还会变色呢！

恐龙的大脚

恐龙的脚印化石很早就被人们注意到了，但真正认识它却是比较晚的事。

1802 年，一位美国青年在他的家乡康涅狄格峡谷附近的红色砂岩中，发现了许多恐龙脚印化石，但当时被当成是鸟爪的化石；甚至有人认为这是诺亚的渡鸟的脚印，把《圣经》里的故事强加到恐龙脚印上。

中国云南省晋宁县夕阳彝族自治乡的彝胞有个习俗，当他们要埋葬死去的亲人时，送葬的队伍必须抬着棺材沿着一行"金鸡爪"的方向走向墓地。后来古生物学家发现当地人说的"金鸡爪"，原来是一行恐龙的脚印化石。

恐龙的脚印有三趾的和四趾的，还有趾间有蹼的脚印。三趾脚印看上去很像鸟或鸡的爪印；有些脚印与大象的脚印相似。三趾脚印有些是草食的鸟脚龙踩的，有些是肉食的兽脚类恐龙踩的。大象似的脚印可能是蜥脚类恐龙留下的。

从脚印排列特点分析，这些恐龙有四足行走的，也有两足行走的。恐龙的化石脚印大小不一，相差悬殊。小的脚印长不到 10 厘米，大脚印长可达 40～50 厘米。

1982 年在韩国庆尚南道一带的海岸边，发现了数百个大大小小的恐龙化石脚印，其中最大的长 120 厘米，宽 64 厘米，有普通办公桌面那样大，是目前世界上发现的最大的恐龙化石脚印。

这些特大的脚印是巨型恐龙腕龙留下的。从脚印大小推断，腕龙的体长为30～35 米，重 70～100 吨呢！

恐龙家族

　　恐龙在中生代是一个庞大的家族，在当时的动物界居统治地位。在时间上，恐龙生存了 1.5 亿年之久；在分布上，足迹遍及地球的七大洲。但是，大多数恐龙是在美国、蒙古、中国、加拿大、英格兰和阿根廷发现的。

　　在美国恐龙发现有 64 科，居世界之冠。蒙古发现 40 科，中国发现 36 科，加拿大发现 31 科，英国发现 26 科，阿根廷发现 23 科（彼此相似的动物，在生物分类学上同划归一个"科"，如虎、狮、豹等均归猫科，但它们各自属于不同的种）。

　　大多数恐龙属只有 1 个种，少数恐龙属有 2 个或 3 个种。据统计，目前发现的恐龙属有 286 个，种有 336 个。

　　我们相信这不是地球上曾生活过的恐龙的实际属种数量，还有大量恐龙遗骨深埋地下，尚未发现。也有不少恐龙可能白白在世上走了一趟，死后什么遗物也没留下。

　　美国宾夕法尼亚大学的多德森教授，对如何估计在地球上生存过的恐龙的属数进行了多年的研究。他估计，地球上曾有 900～1200 属的恐龙生存过。但其中仅有一部分被人们发现，而在发现后又被认真发掘和研究过的则寥寥无几。

　　恐龙家族成员庞杂，长相奇特，它们之间的形态差别很大。再说人们对恐龙的起源及恐龙间的亲缘关系还没搞清楚，因此对它们进行科学地分类，确是一个难题。

　　长期以来，恐龙被分成两大类：蜥臀类和鸟臀类。这是依它们的骨盆（又称腰带）构造的不同进行的分类。蜥臀类的骨盆像蜥蜴的骨盆；鸟臀类的骨盆

像鸟的骨盆。

蜥臀类包括兽脚类和蜥脚类。兽脚类包括所有吃肉的恐龙，如霸王龙、跃龙、永川龙及许多小型的虚骨龙类；蜥脚类包括所有身躯庞大，脑袋很小，长颈长尾的恐龙，它们四足行走，全是吃植物的，著名的有雷龙、梁龙、马门溪龙等。

鸟臀类全部是吃植物的恐龙，有四足行走的，也有两足行走的，可分为鸟脚类、剑龙类、甲龙类和角龙类四类。鸟臀类恐龙中著名的成员有禽龙、鸭嘴龙、沱江龙、华阳龙、甲龙、三角龙等。

按骨盆的构造对恐龙进行分类的方法比较方便，而且已习惯。但这种分类方法也有缺点，近年来科学家发现，有的恐龙的骨盆构造既不完全像蜥蜴，也不完全像鸟。这就让古生物学家为难了。

蜥臀目和鸟臀目分别起源于槽齿类。

蜥臀目分为3个亚目：

兽脚亚目：为肉食性恐龙。两足行走，趾端有锐爪，口中有利齿，前后缘有锯齿。霸王龙为著名的代表，中国的永川龙亦属兽脚类。它们生活于晚三叠纪至白垩纪。

古脚亚目：曾被称为原蜥脚类或板龙类。三叠纪晚期的小型至中型恐龙，身体较粗壮，半四足行走，如著名的禄丰龙。

蜥脚亚目：为巨型四足行走的素食恐龙。头小，颈长，尾长，牙齿呈小匙状。生活时可置身水中，以避敌害。主要生活在侏罗纪及白垩纪。如马门溪龙，颈长（颈椎19个）约等于身体的一半。背椎12个、荐椎4个、尾椎35个以上，数目少于其他种类。颈椎长，微弱后凹型，腰椎后凹明显，前16个尾椎为前凹型、后为双平型。前四个背椎神经棘分叉，从第五个开始简单，末端粗壮。荐椎4个，前3个愈合，第4荐椎和前部尾椎的神经棘勺状（前面突出，后面有凹面）。尾椎脉棘从第 9 个开始前后分叉。肠骨粗壮，耻骨突出位于肠骨中央，坐骨纤细，胫腓骨扁平，胫骨近端发育，两者几乎等长。距骨较发育，胫腓关节面深凹，故中央突起高，骨较短小，第一趾特别发达。产于四川、甘肃的晚侏罗纪地层。

鸟臀目包括多种不同类型的恐龙，其间的系统关系并不十分清楚。目前分为 5 个亚目。

鸟脚亚目：是鸟臀目中，甚至是恐龙类中化石最多的一个类群。两足或四足行走，比较不特殊化。嘴部一般扁平，脸部长，下颌骨前方有单独的前齿骨。牙限于颊部，紧密排列，有一至数排替换齿。股骨长于肱骨。第五趾退化。耻骨的前、后均发育。见于晚三叠纪至白垩纪，以白垩纪最繁盛，是素食性恐龙。如头部无顶饰的（平头类）山东龙和具顶饰的栉龙类青岛龙。

山东龙头骨长，后部宽而高，顶面较平，自上颞颥孔后部向前至额骨部分向下凹入。齿骨齿列长，有 60 ~ 63 个齿沟，颊前部无牙部分较长。荐部脊椎 10 个，其腹侧有较深的直沟。坐骨直长，末端有极微弱扩展的小尖顶。个体巨大，全长约 14 米多，高约 8 米。产于山东诸城的晚白垩纪地层。

青岛龙头骨鼻部具向上伸长的长棘，其末端加宽，稍分开。头后部有极发育的横棱，上颞孔左右宽。前上颌骨微向上翘起。牙齿数目较少，上颌有齿沟 28 个，齿骨上有齿沟 34 ~ 38 个。前齿骨宽。荐椎 8 个，腹侧有显著的中棱，后部有沟，尾椎较大。前肢小，后肢大。肩胛骨大，末端宽，肱骨长于桡骨。肠骨上部较隆起，坐骨末端呈足状扩大。股骨粗大，略短于胫骨，远端有穿孔。产于山东莱阳的晚白垩世。

对于栉龙类多样化顶饰的功能，至今尚无较好的解释。

剑龙亚目：四足行走，背部具直立的骨板或骨棒，尾部后端具骨质刺棒两对。头小而低平，脑很小，上颞孔小，侧颞孔大。牙小而扁，前上颌骨无齿。后肢长，前肢短。背神经棘及神经弓向后逐渐加高。肠骨背缘与荐椎愈合加宽，呈屋檐状盖在髋臼部上面，肠骨后突不发育，但前突很长。其荐部神经节巨大，指挥身体后部运动，尤其是尾及后肢。如沱江龙，背部前部具背板，后部具扁

锥状骨棒。剑龙类可能是素食者。出现于侏罗纪，可延续到白垩纪初期，是恐龙中最先绝灭的类群。

甲龙亚目：身体低矮粗壮，行动笨拙。身披厚重骨甲，上颞孔封闭，侧颞孔仅余一小裂隙，牙微弱。四肢较短，后肢稍长于前肢（肱骨为股骨长的3/4）。甲龙主要发现于白垩纪。

角龙亚目：头骨后部扩大，形成颈盾，由顶骨和鳞状骨构成，并分叉而构成角状突起。头骨上常有鼻骨和眶后骨扩大而形成的角。见于白垩纪晚期，如鹦鹉嘴龙，头骨短宽而高，吻部弯曲，似鹦鹉的喙。外鼻孔小，位于头骨背部，眶前孔仅剩一个凹陷。颧骨高而向外侧突出，下颞孔宽。牙齿单列，牙冠低，三叶状，每侧有7~9枚。颈短，前肢略长于后肢。肠骨细长，耻骨前突短而纤细。坐骨稍弯曲，远端板状，具不发育的闭孔突。分布于中国及蒙古晚白垩纪。

肿头龙亚目：头骨肿厚，颞孔封闭；骨盆中耻骨被坐骨排挤，不参与组成髋臼，如脊顶龙。

恐龙类的两个目均出现于三叠纪晚期。北美的腔骨龙属可以作为蜥臀类的代表，其体长约2.5米，身体轻巧，骨头是空心的，活的动物体重可能不超过20千克；两足行走，后腿十分强壮，形似鸟腿，宜于行走；前肢短，具有灵活的适于攀缘和掠取食物的"手"。身体以臀部为支点保持平衡，尾细长。颈部相当长，前端为结构精巧的头骨。头骨狭长，有巨大的颞孔和前眼窝。牙齿尖利，深埋在齿槽内，侧扁并带有锯齿，显示了其高度的食肉性，腔骨龙大概以小型或中等大小的爬行类动换为食物。

骨盆是区别恐龙类系统关系的关键，而腔骨龙的骨盆正是蜥臀型的早期代表。这种恐龙的肠骨向前和向后扩大，并有好几个脊椎骨长的荐部接合。耻骨从肠骨两侧向前向下延长，坐骨则向后向下伸展。这两块骨头都较长，而尤其以耻骨为甚，它们和肠骨的接合，中间还通过一种骨质的突起，而不是直接连结的。因此，容纳球状的股骨头的臼窝或关节窝是开孔或穿透式的，而在原始的槽齿类中则是封闭的。

腔骨龙可能代表兽脚类恐龙的基本适应形式，习惯于在干燥的高地上生活。

对这种地区的生活条件来说，快跑和动作敏捷在捕食和逃避敌害方面是头等重要的。

原蜥脚类是相当特化了的蜥臀类，强烈地显示出接近于侏罗纪的巨大的蜥脚类的倾向。板龙这一属尤为典型。这种恐龙体长约 6 米，已经发展成为大型的爬行类，已失掉了较为原始的兽脚类所具有的许多精巧的性质，骨头已不再像较小的恐龙类那样中空。肢体壮大，后脚宽大，不像腔骨龙那种鸟脚状的形状。前肢也次生性地变大。除了两足行走，板龙类也有可能四足行走。相对地说头骨较小和轻巧，牙齿扁而钝，不是尖利的食肉齿型。板龙显然是一种食植物的恐龙，这类恐龙在三叠纪晚期时分布很广。

三叠纪的鸟臀类的化石被发现的不多。南非晚三叠纪的沉积岩层中发现了一些鸟臀类恐龙，畸齿龙。这是一种很小的用两足行走的恐龙，头骨长约 10 厘米，有一个被压低了的颌关节，在下颌的前方有一个分离开的，无牙齿的前齿骨（这是鸟臀类恐龙的最显著的特征之一），上、下颌的边缘均有小的、较特化的牙齿，适合于切割和断裂植物性的食物；下颌的前方，有一个大的"犬齿"。头后骨骼及其他的特征也都是典型鸟臀化的，骨盆是典型的鸟臀式的，其耻骨与坐骨相平行并相联结。

恐龙的个头和寿命

恐龙的体型小的像一只鸡那么大，大的则超过 30 米长。它们的生活方式、生长率和寿命，可能也各有不同。

很难讲得清恐龙死时有多老。我们观察某些骨骼，可以看到这些动物活着时曾经受过损伤，诸如断骨或粘连的关节。如果骨头看上去曾经受过磨损和撕

裂，可以断定这些骨头的主人是只非常年老的恐龙。有时大骨头会长轮，就像树干的年轮一样，每个轮要一年时间才能长出来。

有关恐龙的科普读物上，各类恐龙都写有活着时的体重。这体重并非实测，而是恐龙学家根据恐龙骨架的大小估计出来的。这样估计出的体重显然是很不准确的，仅供读者参考。

现在有一个办法，可以比较准确地测量恐龙的体重。

这个方法的第一步是塑出被测恐龙的模型。可用橡皮泥将恐龙的形体捏出来，恐龙很大，我们捏的模型自然要小得多。模型制成后，要算出它是恐龙的实际大小的几分之一。

第二步是测量模型恐龙的体积。将模型放入一个木箱内，然后往箱内倒入细沙。当沙把"恐龙"完全盖住后，将沙面刮平，并在箱壁上用笔画出沙面的高度。把模型从箱内取出，然后又将沙面刮平，用笔在箱壁上画出沙面的第二个高度。这样我们很快就能计算出"恐龙"的体积。

第三步是计算恐龙的实际体积。模型的体积与倍数相乘就得出恐龙的实际体积。

第四步是计算恐龙的体重。恐龙的体积已经有了，现在我们还不知道恐龙的比重，知道了比重，再乘以体积，恐龙的体重就知道了。问题是恐龙早已灭绝，谁也弄不清它的比重究竟有多大。

当今世界上活着的爬行动物中，只有鳄类与恐龙比较接近，而且与恐龙沾亲带故。在没有办法的情况下，只有借用鳄类的比重代替恐龙的比重。这样，恐龙的体重就测出来了。虽说不一定十分精确，但比盲目估计要接近实际多了。

人们发现，用这个方法测出的恐龙体重，比原先估计的体重都要小许多。如合川马门溪龙，原先估计有 40 多吨，现在用这种方法一测还不到 25 吨。

人们研究恐龙的生长年轮，发现某些最大的长颈素食恐龙可能有 100 岁。冷血动物活的比温血动物长些。如果长颈素食恐龙纯粹是冷血动物的话，它们可能达到 200 岁或更老。

从化石骨头很难断定恐龙生长得多快。对蒙大拿慈母龙巢的研究发现，这些两脚素食恐龙在孵出来时约 30 厘米长，但在父母喂养一年后，它们已有 4.5 米长，大得可以离巢了。3 年之后，它们完全长大，可达 9 米长。

"猎手"的眼睛

判断动物视力好不好，大体上有两个标准：一是眼睛的大小，二是两眼的位置。

一般来讲，大眼睛的动物视力好，小眼睛的动物视力差。在现生动物中，大眼的、小眼的都有。

猛兽、猛禽、猿猴的眼都较大。夜猴的眼更是大得出奇，它在夜间也能看清周围的东西。吃草的牛、马、鹿等动物，眼睛不小，视力也不错。老鼠的眼小，是近视眼，人称"鼠目寸光"。蛇、蜥蜴的眼也不大，视力差。但它们都发展了其他信息器官，以弥补视力不足的缺陷。动物两眼的位置确定视野的广度和测定距离的精度。在这方面食草动物和食肉动物是有区别的。

牛、马是食草动物，它们的眼睛长在脸的两侧，双眼距离很大。眼睛的这种长法，使动物的视野很广阔。能及时发现敌情，以便迅速逃命。

据推测身躯庞大的蜥脚类恐龙，视力比鸭嘴龙要差一些；剑龙和甲龙的视力更差劲，它们可能是恐龙家族的"近视眼"。

肉食龙的视力都比较好。霸王龙的两眼不仅较大，而且位置靠前，像双筒望远镜，两眼可以同时聚焦在一个物体上，看到的东西是立体的，判断距离也特别精确。这是霸王龙对捕猎生活的适应而逐步演变成的。

肉食龙中，鸸鹋龙、恐爪龙和窄爪龙的视力最好。它们的眼睛很大，位置更靠前，像现生的鸵鸟一样，好似"火眼金睛"。科学家推测，某些肉食龙可能还具有夜视的能力哩！

恐龙怎样孕育下一代

美国科学家发现，恐龙和鸵鸟、鸽子一样，采用坐窝孵蛋的方式孵出后代，这是古生物研究领域的一项重要发现。这项发现印证了古生物考古学家一直在猜测但又苦于未能证实的事实，这使人类对恐龙的认识又前进了一大步。

美国纽约自然历史博物馆的研究人员最近发表报告说，他们与蒙古科学家组成的考古队在戈壁大沙漠中发现了一处保存异常完好的恐龙化石。这是生活在 8000 万～7000 万年前的一种食肉性恐龙的化石。

化石清楚地显示，恐龙死前正在孵蛋。它坐在窝上，窝内有 15 枚恐龙蛋，它的腿微微弯曲，其前爪叉开并伸向后方，似在护着自己的卵。此情此景，与今天的鸵鸟和鸽子、母鸡孵蛋的形式并无两样。从化石上看，该恐龙很像今天的鸵鸟，只是它的尾巴较长而脖子短。

美蒙联合考察队成员、纽约自然历史博物馆鸟类学部研究员路易斯·查蓬指出，对鸟类化石及新发现的恐龙化石进行分析研究并参照

已有的文献及解剖图可以看出，鸟类与恐龙有许多共同的地方。在戈壁大沙漠中的发现第一次证实鸟与恐龙在行为上有着共同点，其中最主要的一点是它们都是自己孵蛋育出后代。

纽约自然历史博物馆与蒙古科学院组成的古生物考察队，自 1990 年以来一直在戈壁沙漠里从事考古发掘。他们是在一处名为乌哈—托尔戈特的地方发现这一极其珍贵恐龙化石的，该地区已被列为恐龙化石保护区。

爬行动物是产卵的，以前人们假设恐龙也这样。不过直到 20 世纪 20 年代，一支美国探险队到蒙古寻找恐龙化石时，才获得最初的证据。科学家不止找到了恐龙的遗骨，还找到了它们留下的巢和巢里的蛋。这些恐龙都是一种小型的角龙——原角龙。活着时，它的大小就像一只现代的羊。

它的蛋是鹅卵形的，大约宽 7.5 厘米，长 15 厘米，多至 30 只，以蛋尖向内，在巢中螺旋状排列。巢位于沙中的一个洼处，因为原角龙生活在一个多沙的地方。很多雌龙似乎在同一个巢中产卵。很偶然，在其中一个巢中，找到了一只吃蛋恐龙——偷蛋龙的化石骨骼。看来这只恐龙似乎是在偷袭这个巢时，被沙暴压死了。

自那以后，很多其他种类恐龙的蛋相继发现了。最大的恐龙蛋是属于一种长颈素食恐龙高脊龙的，这些蛋发现于法国。它们并非产在巢内，而是一对对排成一行，好像是恐龙妈妈在走路时产下的。这些蛋直径约 25 厘米，比鸵鸟蛋大不了多少。不过，成年的恐龙会比一只鸵鸟大很多。事实上，一只像鸟蛋似的硬壳蛋，没有厚壳来支撑，不可能更大，而厚壳将使幼恐龙难以破壳而出。这便是恐龙蛋不是很大的原因。

从化石恐龙蛋上人们了解到，恐龙蛋的形态五花八门、形形色色，卵圆、扁圆、椭圆和橄榄状的都有，少数恐龙蛋长溜溜的，像玉米棒子似的。蛋的直径一般为 10 ~ 15 厘米。在我国河南西峡县出土的一种恐龙蛋化石，长直径达 30 厘米，短直径 12 厘米，这在我国是很罕见的。在法国发现过长直径 30.48 厘米，短直径 25.4 厘米的恐龙蛋化石，大小跟篮球差不多，这是世界上最大的恐龙蛋。

恐龙蛋属羊膜卵，其他爬行动物以及鸡鸭等产的蛋也是羊膜卵。羊膜卵的外面包有一层既坚固又耐干燥的钙质外壳，壳上有许多小气孔是供胚胎发育时呼吸空气用的"窗口"。恐龙蛋壳厚 2~7 毫米，是世界上最厚的蛋壳。在蛋壳的里面，含有一个大卵黄，为胚胎供应养料；一个被羊膜包裹的羊膜囊，其中充满了羊水，胚胎沉浸在羊水中；另外还有一个囊，是存放排泄物用的。

羊膜卵构造精巧、合理，在陆地上不会干涸、失水，胚胎在里面既安全又舒适。与青蛙等两栖动物的卵相比，条件不知好多少倍。青蛙的卵非产在水中不可。一离开水它就不能成活；就是不离开水，成活率也有限。所以青蛙一次要产很多很多的卵，以提高成活率。

羊膜卵的出现是脊椎动物演化过程中的一个重大的飞跃，是动物生殖方面的一大进步，为它们在陆地上繁殖后代创造了必需的条件。

世界各地发现的恐龙蛋有数千枚之多，但其中绝大多数都弄不清楚是什么恐龙下的。还有，到目前为止发现的化石恐龙蛋都是素食恐龙下的，食肉恐龙的蛋则没发现。但也有报道说，不久前已在美国找到了跃龙蛋的化石。

恐龙如何控制体温

现代的爬行动物，例如蜥蜴，属于冷血动物，或者称为变温动物，它们的体温是随着外界环境的变化而变化的，它们依靠吸收外界的热源，例如通过晒太阳来升高自己的体温。

热血动物有很强的代谢率以产生身体所需的热量，同时它们也能够在体外温度变化较大的范围内进行活动。

由于现存爬行动物都是变温的冷血动物，因此，恐龙是冷血动物已成为被大多数人公认的传统概念。1968 年古生物学家巴克提出了恐龙是热血动物的新见解，立即引起了巨大的轰动，争论也就随之而起。

谁都能体会到爬行比步行缓慢和迟钝得多。巴克认为现代爬行动物四肢位于身体两侧，体躯贴着地面匍匐爬行，代谢率低，体温调节主要依赖吸收外界环境的热能。而现代的哺乳动物和鸟类等，四肢位于腹面，体腹离地，直立奔走，代谢率高，能产生足够的热能来保持体温的恒定。

恐龙具有直立的四肢，体躯姿态直立，并且生活在范围广泛的环境里，行动应是活跃的，必须具有较高的代谢水平，才能提供足够的运动能量，从而断言恐龙应是恒温的热血动物。

持反对见解的学者认为，直立与体温是否恒定并没有多大关系，不足以作为证据。因为热血动物中的针鼹和鼹鼠等的体躯都是匍匐的，在能达到敏捷的高水平上，冷血的爬行动物和热血的鸟、兽之间并无较大的差距，这一点从任何人能徒手去捉一条蜥蜴就可得到证明。

有人对恐龙的骨骼磨片进行观察，发现它们的骨骼构造同现代爬行动物不同，而相似于哺乳动物。恐龙骨骼上微血管密度大，造骨系统哈佛氏管构造密集，这是一种高代谢功能的表现，认为恐龙具有密集的哈佛氏系统应是恒温动物。

但是，反对派认为骨骼的这种结构不能作为恒温动物的证据，因为某些现代的爬行动物，如某些海龟和楔齿蜥等的骨骼中也存在着密集的哈佛氏管。而某些小型的热血动物，如某些蝙蝠的骨骼哈佛氏的结构很简单，但是它们过飞翔生活，代谢水平是很高的。

热血恐龙派提出捕食比值作为证据，在自然环境中，捕食动物的数量总是比被捕食动物的数量要少得多，例如在同一个生态环境中，蛙和野鼠的数量要比捕食它们的蛇多得多，蛇的数目又比捕食蛇的鹰类的数量要多，只有这样才能维持捕食动物的生存。

通过在一个生态群中捕食动物总重量与被捕食动物的总重量的比值统计，得出现代哺乳动物群中这个比值为 0.03 左右，在冷血的爬行动物群中为 0.3 ~ 0.5，而在美国晚侏罗纪毛里逊地层几个恐龙群中这个比例为 0.03 左右，接近哺乳动物，因此证明恐龙应是热血动物。

反对者认为，变温动物的能量消耗要比恒温动物慢。对大型恐龙来说，热量的保持和消耗都比较稳定，它们与同样大的温血动物在比值上可看作是近似的。所以，以捕食比值作证据不能令人信服。

赞成恐龙是热血的一派认为现代的爬行动物是变温动物，不能忍受低温的环境，低温限制着它们的分布。但是，在加拿大育空河地区发掘出恐龙化石，而该地在白垩纪时的古地理位置是在北极圈内，这个严寒极地是冷血动物无法生存的，因此恐龙不可能是冷血的。反对者认为在恐龙生存的时代，地球上气候温暖，四季不明，所以在古北极圈内冷血的恐龙照样能生存。

最近，美国古生物学家拉彼得从恐龙的繁殖行为方面提出恐龙是热血动物的新证据，引起人们很大的兴趣。在羊膜动物中，冷血动物和热血动物之间的一个明显差别是亲代对子代的胚后照料的方式不同。

在冷血的爬行动物对子代孵出后少有照料，除少数对幼仔有警卫行为外，

还没有发现过爬行动物给幼仔喂食的事例，幼仔孵出后，高度的早熟并立即离巢觅食，相比之下，哺乳动物和鸟类，幼仔出生后都有不同程度的胚后抚养；例如哺乳动物的哺乳、喂食和给幼仔衔回食物以及保护幼仔和训练幼仔的行为，鸟类的育雏、教飞等行为。

1970年末到1980年期间，在美国蒙大拿州上白垩纪沉积层中发现了鸭嘴龙和棱齿龙巢群遗址，这些巢保存得非常好，每一巢址都发现大量的幼体，一些幼体竟然在它们自己的巢中，有些巢中还含有不同年龄鸭嘴龙幼体的骨骼，有些幼体则被发现在巢的附近，有些巢内有严重碎裂的卵壳，表明这些恐龙有胚后养育的行为。

严重碎裂的卵壳，使人想到由于幼体留居巢中，卵壳主要受到物理的破坏。说明幼仔孵出后并不像早熟的幼体那样马上离巢远去，而是在巢中逗留相当长的时间，各种不同年龄的幼仔在巢中的发现，证明这些恐龙幼体有逗留在巢中接受亲体照料的胚后养育过程。因此恐龙不是冷血动物。虽然这个推论的本身可以怀疑，因为它只是以相互关联为依据，不可能有明确判定的是非标准。

但是无论如何，恐龙的这种情况是现代爬行动物所没有的，如果爬行动物是有胚后养育行为的话，不仅要为自己觅食，而且还要为幼仔带回更多的食物，这种觅食的时间和区域范围都必须增加，能量消耗也就更大，这就要求有很高的代谢水平。

但是，爬行动物是变温动物，代谢水平不高，不能提供足够的能量。既然自然选择没有导致任何现存冷血的爬行动物胚后养育的演化，那就完全可以相信在灭绝了的冷血动物群中也不会存在有胚后发育。因此至少有些恐龙是热血的恒温动物也是可以确认的了。

恐龙也会生病

古生物学家们发现，他们所研究的恐龙骨骼化石上，常有疾病和外伤的痕迹，证明恐龙在世时，也常常生病。有时生点小病，很快就好了；有时病情严重，弄不好会把命丢掉。

在成都理工学院博物馆的大厅里，陈列着一具巨大的蜥脚类恐龙化石骨架，它就是产于我国四川省的合川马门溪龙。专家发现，在这条庞然大物的颈椎、脊椎和尾椎等不同部位的骨头上，长了很多瘤状物和结核。这些骨质多余物附着在它的身上，可见这个恐龙大汉生前曾为骨科病痛所折磨，活得并不轻松。

一位美国医生说，他发现在一块长30厘米的恐龙肱骨化石的一端，长有一块像我们拳头般大小的菜花状的骨质增生物，这种异常增生可能是软骨肉瘤。

陈列在美国自然历史博物馆中的鸭嘴龙化石骨架上，左肱骨曾骨折而引起过骨膜炎，而且有骨质增生现象。在该馆的巨型恐龙——雷龙的尾椎骨上，能看到它生前患过化脓性骨髓炎的痕迹。

陈列在加拿大博物馆中的鸭嘴龙骨骼，有不少肋骨曾受到损伤。可以看得出来，肋骨断裂后又愈合了。由于这种情况相当普遍，因此估计这种损伤不大可能是偶然事故造成的。这些肋骨伤可能是雄性鸭嘴龙之间格斗留下的标记。为了争夺配偶和"领导权"，雄鸭嘴龙之间会用后脚跟互相猛踢对方。

许多恐龙的骨骼化石"告诉"我们，它们可能患过关节炎。一些专家对恐龙的亲戚——一种巨大的水生蜥蜴——沧龙的病情也进行了诊断，发现它们的脊椎也有的得过炎症，有的得过减压综合征。

得炎症的那个沧龙的脊椎骨，在切片检查时发现了一枚鲨鱼的牙齿，从牙

齿上可以判断它那"鲨口余生"的惊险经历；得减压综合征的那个沧龙的脊椎骨经切片检查证明是由深海潜水引起的。

为恐龙检查身体，除古生物学家以外，还得靠现代医学的帮助。恐龙的病，只有骨科病才能留下化石"病历"。

三叠纪——辉煌的前奏

三叠纪晚期，蜥臀目和鸟臀目都已有不少种类，恐龙已经是种类繁多的一个类群了，在生态系统中占据了重要地位。因此，三叠纪也被称为"恐龙时代前的黎明"。

三叠纪时期的世界

在三叠纪时期，动物和植物与现在的大不相同。爬行类动物统治着陆地和天空，地球上没有禾本植物或有花植物。就在这个时期，恐龙出现了。

燥热的气候

地球的赤道部分最为炎热，恐龙出现的时候，赤道从泛古陆的中部穿过。这意味着陆地的大部分都受到太阳光的直射，因而比今天的陆地更炎热。大片的沙漠在泛古陆的中部延展，极地也没有积雪。

在海边生存

近海的地方有着比内陆更温暖湿润的气候。泛古陆巨大的面积意味着大部分陆地都位于远离海岸的地方。这些内陆地区罕有降水。三叠纪时期的恐龙化石表明，大部分恐龙生活在泛古陆靠近海岸相对潮湿的地区和灌木丛林地，只有少数在沙漠里生存。

三叠纪爬行类

在三叠纪时期，陆地上有 3 类最主要的爬行动物：恐龙、似鳄祖龙和翼龙类。似鳄祖龙是四条腿行走的庞大动物，在三叠纪晚期，它们在陆地上曾普遍存在。这时，恐龙只占陆生动物的 5%。

槽 齿 龙

槽齿龙是一种草食性恐龙，生存于晚三叠纪诺利阶与赫塘阶，约 2 亿 2700 万年前到 2 亿 500 万年前。槽齿龙的化石大部分发现于南英格兰与威尔士的三叠纪地层。这个时期的地球气候较为温暖、干燥。

晚三叠纪的优势肉食性动物仍为劳氏鳄目等镶嵌踝类主龙，而非刚出现的小型肉食性恐龙；而蜥脚形亚目恐龙已取代二齿兽类，成为优势草食性动物。

特 征

槽齿龙平均身长为 2.1 米，高为 1.2 米。它们拥有小型头部、大型拇指尖爪、修长的后肢（前肢比后肢短）、长颈部、长尾巴。它们是二足恐龙。槽齿龙前掌有五个趾，后脚掌也有五个趾。

槽齿龙是草食性恐龙，牙齿呈匙状，有锯齿状边缘，且位于齿槽内，这也是槽齿龙的名称来源。它们的齿骨长度不到下颌长度的一半。下颌前端稍微往下弯。

与近蜥龙相比，槽齿龙有较多的牙齿，头部较长、较狭窄。

槽齿龙的颈部脊椎骨上有长的椎弓（Neural arch），以及前后排列的长神经棘（Neural spine）。背部脊椎骨有强化的横突（Transverse processes）。荐椎可能有 3 个。肩胛骨宽广、弯曲，稍呈板状。肱骨有明显三角嵴（Deltopectoral crest）。尺骨的横切面呈三角形。桡骨有大幅度缩小。

虽然槽齿龙并非最早的蜥脚形亚目恐龙（目前发现最早的是在马达加斯加的未命名属），但在原始蜥脚形亚目恐龙中是最著名的一属。

它们起初被分类于原蜥脚下目，但在 2003 年，耶兹与基钦的研究显示槽齿龙与它的近亲早于原蜥脚类的出现。新的重建显示槽齿龙的颈部与身体比例，比更先进的早期蜥脚形亚目恐龙的颈部与身体比例还短。

发现历史

槽齿龙是由 Henry Riley 与 Samuel Stutchbury 在 1836 年命名。槽齿龙是第四个被命名的恐龙，前三个分别为斑龙（1824 年）、禽龙（1825 年）、林龙（1833 年）。槽齿龙也是第一个被叙述的三叠纪恐龙。

当理查·欧文在 1842 年建立恐龙总目（Dinosauria）时，他并没有将槽齿龙列入，他仅将斑龙、禽龙、林龙列入。他认为有小型颌部的槽齿龙，不可能属于体型庞大的恐龙。

他认为槽齿龙是种低等、由鳞片覆盖的爬虫类，与鳄鱼、蜥蜴、喙头龙目、恐龙外表相似。直到 1870 年，欧文的敌手汤玛斯·亨利·赫胥黎才将槽齿龙分类于恐龙。

槽齿龙最初的模式标本，与其他相关物品，在 1940 年遭到德国轰炸摧毁，成为第二次世界大战中的受害品。不过，目前已在许多地点发现化石，包括布里斯托与威尔士，该地于晚三叠纪可能是干燥环境。

在这些新发现化石中，有一个可能是未成年个体的标本，可能属于一个不同的种 Thecodontosaurus caducus。在澳大利亚发现的 Agrosaurus macgillivrayi

（Seeley，1891），可能是古槽齿龙（T. antiquus）的异名。

在 2007 年，亚当·耶茨（Adam Yates）、彼得·加尔东（Peter Galton）以及 Kermack 提出一个研究，宣称槽齿龙的其中一种古槽齿龙属于一个不同的属，并由他们将这个属命名为 Pantydraco。

槽齿龙目前只有一个种：模式种古槽齿龙。

禄丰龙

这是一种原蜥脚类恐龙，它以发现的地点而得名。

禄丰是中国云南省的一个县。1938 年，当几位古生物学家来到这个县的沙湾附近考察时，在这里的三叠纪晚期"红层"中找到了著名的禄丰龙化石。从此，禄丰这块地方也伴随着禄丰龙的发现而闻名世界。

禄丰龙是一种中等大小的恐龙，它的个子不算很高，即使是直立地站起来，也只不过 2 米高；身体的长度，从头到尾巴尖为 6 米。它的脖子虽然很长，但是脖子上脊椎骨的构造简单，表明脖子并不灵活。头小而呈三角形，还没有脖子粗大。嘴里的牙齿参差不齐，尖而扁平，齿缘有起伏的"锯齿"形微波，这样的牙齿便于吞食植物。

禄丰龙的后肢粗壮有力，但前肢很短小，大约只有后肢的1/3。它的脚有

五趾，趾端还有粗大的爪。因此，我们可以想象，禄丰龙主要是用两条后腿行走的动物，而且行动比较敏捷。

它们活着的时候，漫步在湖泊和沼泽岸边，吞食植物的嫩枝叶，如果遇到肉食恐龙前来侵害，便迅速逃跑。不过禄丰龙也不是任敌欺侮的"弱者"，它也可挥动粗大的尾巴，把张牙舞爪的"进攻"者打昏，或者置于死地。

在觅食或休息时，禄丰龙也可能会使前肢着地，弓背而行。正是由于这种行动方式，促使它进一步适应环境，向着四足行走的巨大蜥脚类恐龙演变了。

就目前世界已发现的许许多多恐龙化石来看，绝大多数都是保存在侏罗纪和白垩纪的地层中，而禄丰龙却保存在三叠纪晚期地层中，它与欧洲和南非的板龙一样，是一种出现得比较早、较为原始的恐龙。

目前中国发现的禄丰龙化石多达数十个，其中有一条名叫"许氏禄丰龙"的骨架非常完整，从头到尾巴尖上的骨头几乎没有缺少。像这样完整的化石，世界上发现的也不多，尤其是在恐龙还未兴盛的三叠纪，有这样完整的化石就显得宝贵了。

黑 丘 龙

黑丘龙在希腊文意为"黑色山脉蜥蜴"。

黑丘龙身长 12 米，是一种草食性恐龙。黑丘龙的颅骨约 25 厘米长，大致呈三角形，口鼻部略尖。上下颌骨各有 4 颗牙齿，属于蜥臀目蜥脚下目黑丘龙科，生存于晚三叠纪的南非。

它们拥有巨大的身体与健壮的四肢，显示它们以四足方式移动。四肢骨头巨大而沉重，类似蜥脚类的四肢骨头。如同大部分蜥脚类的脊椎骨一样，黑丘

龙的脊骨中空，以减轻重量。

发现与种

模式标本是在 1924 年叙述，发现于上三叠纪的艾略特组，位于南非特兰斯凯的黑色山脉北侧山麓。直到 2007 年，才发现第一个黑丘龙的完整颅骨。黑丘龙目前有两个种：模式种里德氏黑丘龙、塔巴黑丘龙。

分　类

黑丘龙过去被分类于原蜥脚下目，但现在被认为是已知最早的蜥脚下目恐龙之一。

它们过去一度被认为是基础蜥脚类恐龙集合群，但它们踝部骨头的不同指出它们应为姐妹生物单元。基础蜥脚类恐龙，如黑丘龙、近蜥龙以及雷前龙，是这些生物的过渡型。

农 神 龙

农神龙（属名：Saturnalia）又名萨特恩纳利亚龙，是一种非常早期的蜥臀目恐龙，生存于晚三叠纪卡尼阶，约 2 亿 274 万年前到 2 亿 207 万年前，使它们成为目前所发现最古老的真正恐龙之一。

农神龙可能属于蜥脚形亚目。不像较晚、更巨大的蜥脚形亚目物种，农神龙相当纤细，身长可能为 1.5 米。

农神龙的已发现化石数量非常少，并有许多原蜥脚类特征，然而缺少与其他恐龙共有的特征。

分 类

农神龙非常原始，同时具有兽脚亚目与蜥脚形亚目的特征，因此很难去归类。

在 1999 年，古生物学家麦克斯·朗格等人命名农神龙时，将它们分类于蜥脚形亚目。在 2003 年，朗格发现农神龙的头骨与手部较类似兽脚亚目，可能并非蜥脚形亚目的成员。

在 2007 年，约瑟·波拿巴与其同事发现农神龙非常类似瓜巴龙（一种原始蜥臀目恐龙）。波拿巴将它们归类于瓜巴龙科。波拿巴发现这些恐龙可能是原始的蜥脚形亚目，或者类似兽脚亚目与蜥脚形亚目的共同祖先。

波拿巴认为，瓜巴龙科代表者兽脚亚目与蜥脚形亚目的祖先较类似兽脚亚目，而非类似原蜥脚亚目。

发现与种

农神龙的正模标本是在 1999 年冬季时，于巴西南里约格兰德州发现的，另外的化石是在古罗马冬至的节日农神节期间发现的，因此以古罗马的农神萨图尔努斯为名；而种名 Tupiniquim 在葡萄牙文里意为"本地的"。

农神龙已发现部分骨骸，以及来自于两个其他标本的相关化石，包括颌部与牙齿。在马达加斯加中三叠纪地层发现了其他可疑的化石，但这些化石可能来自于某些草食性主龙类，而非恐龙。

农神龙属目前仅有一种，本地农神龙。

里约龙

里约龙是以四肢行走的草食性恐龙，生活在三叠纪晚期的阿根廷的里约、圣胡安地区。其名字的意思是"里约蜥蜴"。

里约龙具有粗大的四肢和庞大的身体，长度和一辆公共汽车差不多。在蜥脚类恐龙演化出来之前是地球上最大型的也是最重的陆生动物。

里约龙的头很小，颈部很长，还有一条长长的尾巴。它的脊椎中空，可以减轻身体的体重。里约龙的身躯庞大笨重，有助于抵抗肉食性恐龙的袭击。它的四肢和大象的四肢一样粗壮，并且是实心的。另外长着爪子的手指数目也较多。

里约龙具有叶状的牙齿，专为切碎植物纤维而设计，并不适用来切割肉类。但是科学家们一度认为里约龙是肉食性恐龙而不是草食性恐龙，因为出土的里

约龙遗骸中混有尖锐的牙齿。后来，人们才知道这些牙齿是从吃死尸为生的肉食性恐龙嘴里掉落的。

科学家们认为，像里约龙这类大型、长颈的草食性恐龙是为了适应三叠纪晚期日渐干旱的气候而进化出来的，因为这种体形使它们可以吃到长在高处的植物。里约龙的内部器官重太大了，迫使里约龙必须用四脚行走来承担自己的体重。

另外，里约龙庞大的体型使它能够对抗早期大型肉食性恐龙的袭击。

艾雷拉龙

艾雷拉龙，又称黑瑞拉龙、埃雷拉龙、黑瑞龙或赫勒拉龙，是最早的肉食性恐龙之一。所有已知的标本都是在阿根廷巴塔哥尼亚西北部的三叠纪晚期地层发现，属于卡尼阶早期，约2亿2800万年前。

模式种伊斯基瓜拉斯托艾雷拉龙，是由奥斯瓦尔多·雷格于1963年命名，且是此属的唯一一种。

多年来，艾雷拉龙的分类都不清楚，原因是它最初只有一些化石碎片。

它曾被认为是基础兽脚亚目恐龙、基础蜥脚形亚目恐龙、基础蜥臀目恐龙或者不是恐龙。但是，随着1988年发现了大部分完整的骨骼及头颅骨后，艾雷拉龙在至少五个关于兽脚亚目演化的研究中，被分类为早期的兽脚亚目或早期蜥臀目。

艾雷拉龙是中型的双足恐龙，属于艾雷拉龙科，这群外表相似的动物，是最早期的恐龙演化扩散结果。

艾雷拉龙是轻巧的肉食性恐龙，有长尾巴及相当小的头。它的长度有3～6米，臀部高度超过1.1米，体重为210～350千克。一个最初被认为是富伦格里龙的大型标本，头部估计长达56厘米。

头 颅 骨

艾雷拉龙的头颅骨长而且窄，且几乎没有所有后期恐龙的特征，却与较原始的主龙类（如派克鳄）没有多大差异。

它的头颅骨上有5对洞孔，其中两对是眼窝及鼻孔。在眼睛与鼻孔之间是一对眶前孔，及一对长1厘米、像裂缝的洞孔，称为原上颌孔。在眼睛后是大的下颞孔。这些洞孔有助于减低头颅骨重量。

艾雷拉龙的下颌有个灵活的关节，这可以容许它的下颌骨头前后移动，抓住猎物。这种特征在其他恐龙并不常见，但一些蜥蜴仍保有这种特征。下颌的后部亦有洞孔。嘴部有锯齿状牙齿，牙齿往后弯曲，颈部修长、灵活。

四 肢

艾雷拉龙的前肢相对较短，是后肢长度的一半。肱骨及桡骨较短，而手部长。拇指及第二、第三指都有锋利及弯曲的爪，可以抓住猎物。第四及第五指很短小，没有指爪。艾雷拉龙可能是最早的恐龙之一，或是最早有双足兽脚亚目形态的动物。

它的后肢强壮，位于身体正下方，股骨较短，而脚掌较长，可见它善于奔跑。尾巴用作平衡，会以重叠的尾椎突来使部分尾巴硬化，这亦是适合高速的构造。

原始与进阶特征

艾雷拉龙是谜一样的生物，有很多不同于恐龙的特征。虽然它有大部分恐龙的特征，但仍存在着不同之处，尤其是在臀部及腿部骨头的形状上。

它的骨盆与蜥臀目相似，但髋臼只是部分中空。肠骨只以两根荐骨支撑，是一种原始特征；耻骨向后，则是驰龙科及鸟类的衍生特征。再者，耻骨的末端是呈靴形，与鸟兽脚类的很相似；椎体的形状则像异特龙的沙漏形状。

分　类

艾雷拉龙属于同名的艾雷拉龙科，此科生存在三叠纪中期至晚期，但是它们在演化树上的位置却不清楚。它们可能是基础兽脚亚目恐龙，或是基础蜥臀目恐龙，或者其实是早于蜥臀目与鸟臀目分裂演化前的恐龙。

此分支内其他的成员包括，同样来自阿根廷伊斯基瓜拉斯托组（Ischigualasto Formation）的始盗龙、巴西南部圣玛利亚组（Santa Maria Formation）发现的南十字龙、美国阿利桑那州石化林国家公园的钦迪龙，可能还有德克萨斯州的盒龙。

但这些动物之间的关系却不清楚，且非所有古生物学家都有共识。其他可能的基础兽脚亚目恐龙，如印度三叠纪晚期的艾沃克龙及巴西三叠纪晚期的，都可能与艾雷拉龙有亲属关系。

在1992年，奥尼拉斯·诺瓦斯（Fernando Novas）将艾雷拉龙科定义为包含艾雷拉龙、南十字龙，及它们的共同祖先。

在1998年，保罗·塞里诺（Paul Sereno）将艾雷拉龙科定义为包含伊斯基瓜拉斯托艾雷拉龙，而不包含家麻雀的最大演化支。

在2004年，麦克斯·朗格（Max Langer）则创立了一个较高阶级的分类：艾雷拉龙下目。

始盗龙

在目前已发现的诸多恐龙中，始盗龙是最原始的一种。1993 年，始盗龙发现于南美洲阿根廷西北部一处极其荒芜不毛之地——伊斯巨拉斯托盆地，该地属于三叠纪地层。

始盗龙是保罗·塞雷那、费尔南都·鲁巴以及他们的学生共同发现的，同一个地点还发现了艾雷拉龙，这也是一种颇为原始的恐龙。

始盗龙的发现纯属偶然，当时挖掘小组的一位成员在一堆弃置路边的乱石块里居然发现了一个近乎完整的头骨化石，于是挖掘小组趁热打铁，对废石堆一带反复"扫荡"，无需多时，一具很完整的恐龙骨骼呈现在他们面前，更令人惊喜的是——他们从没有见过这一品种。

就这样迄今为止最古老的恐龙被发现了，2.3 亿年前，它就生活在这片土地上……

根据始盗龙的骨骼化石，古生物学家可以相当清楚地知道它是一种主要依靠后肢两足行走的兽脚亚目食肉恐龙，但也很有可能时不时"手脚并用"。

虽然始盗龙仍然像它的初龙老祖宗一样有五根趾头，但是其第五根趾头已经退化，变得非常小了。始盗龙手臂及腿部的骨骼薄且中空，站立时是依靠它

脚掌中间的三根脚趾来支撑它全身的重量，后来它的兽脚亚目子孙们都继承了这两个特征。但不同的是，始盗龙的第四根也是最后一根脚趾却只是起到行进中辅助支撑的作用而已。

始盗龙拥有善于捕抓猎物的双手，从始盗龙的前肢化石，古生物学家推测，始盗龙有能力捕抓并干掉同它体型差不多大小的猎物。虽然不能精确地重现这种恐龙的攻击行为和捕食过程，但是从它那轻盈矫健的身形就不难想象到，始盗龙能够进行急速猎杀，它的食谱肯定不仅仅限于小爬形动物，说不定还包括最早的哺乳类动物——我们的祖先。

在始盗龙的上下颌上，后面的牙齿像带槽的牛排刀一样，与其他的食肉恐龙相似；但是前面的牙齿却是树叶状，与其他的素食恐龙相似。

这一特征表明，始盗龙很可能既吃植物又吃肉。始盗龙的一些特征证明，它是地球上最早出现的恐龙之一。如它具有五个"手指"，而后来出现的食肉恐龙的"手指"数则趋于减少，到了最后出现的霸王龙等大型食肉恐龙只剩下两个"手指"了。

再如，始盗龙的腰部只有三块脊椎骨支持着它那小巧的腰带，而后来的恐龙将越变越大时，支持腰带的腰部脊椎骨的数目就增加了。不过始盗龙也有一些特征与黑瑞龙以及后来出现的各种食肉恐龙都一样。如它的下颌中部没有一些素食恐龙那种额外的连接装置。再如它的耻骨不是特别的大。

始盗龙和黑瑞龙在三叠纪晚期的出现，代表了恐龙时代的黎明。

腔 骨 龙

在始盗龙和黑瑞龙发现以前，腔骨龙一直扮演着最早的兽脚类恐龙的角色。

在美国新墨西哥州北部，科学家曾经在三叠纪晚期的地层中发现了异常完整而且保存完美的腔骨龙化石骨骼，对它的研究表明，腔骨龙确实可以作为早期兽脚类恐龙的代表。

腔骨龙体长将近2.5米，身体轻巧，骨头的中间都是空心的，这一点很像鸟类。

因此，推测它活着时候的体重就是20千克左右。腔骨龙是标准的两足行走动物，后腿形似鸟腿，十分强壮，看起来很宜于行走。它的前肢短，具有适于攀缘和掠取食物的灵活的手。身体以臀部为支点保持平衡，尾巴又细又长。它的脖子也相当的长，前端是结构精巧的头骨。

腔骨龙的头骨狭长，有巨大的颞孔和前眼窝。这些特征已经奠定了整个兽脚类恐龙家族的形态基础。腔骨龙那些侧扁的牙齿深埋在齿槽中，十分尖利，而且带有锯齿。这样的牙齿显露出了腔骨龙的高度肉食性。它们很可能以小型或中型的爬行动物为食。

腔骨龙的腰带显示了典型的蜥臀类特点。肠骨向前和向后扩大，并且与包含了好几个脊椎骨的长长的荐部相连；耻骨从肠骨两侧向前向下延长，坐骨则向后、向下伸展；耻骨和坐骨都较长，而尤以耻骨为甚，它们与肠骨中间通过一种骨质的突起接合，而不是直接连接；容纳球形的股骨头的臼窝（关节窝）是开孔的或叫作穿透式的，这一点是所有恐龙区别于其他爬行动物的特点。

腔骨龙的生活方式可能也代表了兽脚类恐龙的基本适应形式，即习惯于在

干燥的高地上生活。就这种地区的生活条件来说，快速奔跑的能力和动作敏捷的特点无论在捕食其他动物还是在逃避敌害方面都是头等重要的。腔骨龙在这方面也奠定了兽脚类恐龙的适应基础。

黑 水 龙

黑水龙属于蜥脚形亚目，是已知最古老的恐龙之一，化石是在 1998 年发现于巴西东南部的一个地质公园，并在 2004 年 11 月的一个会议中发表。

黑水龙属于草食性的原蜥脚下目，与在德国发现的板龙为近亲，显示三叠纪时期的动物可轻易地跨越盘古大陆。

如同大部分早期恐龙，黑水龙相当小，并以二足方式行走。黑水龙的身长为 2.5 米，高度为 70～80 厘米，体重约 70 千克。

黑水龙的化石保存状态良好，包含一个几乎完整的头颅骨，附有下颌，以及部分的骨骸，大部分的骨头仍连接成它们生前的状态。黑水龙的化石是最完整的恐龙化石之一，并且为巴西所发现的最完整的头颅骨。

叙　述

黑水龙生存于晚三叠纪的卡尼阶到诺利阶，为 2 亿 2500 万年前到 2 亿年前。它们生存于今日的巴西，当时连接着非洲的西北部。当时的各大洲联合成一块盘古大陆，并开始分裂成北方的劳亚大陆与南方的冈瓦纳大陆。

在 1998 年，黑水龙的化石发现于巴西东南部的南里奥格兰德州，圣塔玛莉亚市附近的圣塔玛莉亚组，在当时名为 Caturrita 组。这个地层另外出土了年代较古老的农神龙。而目前最古老的恐龙化石，例如始盗龙，发现于阿根廷。这些证据显示最初的恐龙可能起源于这个地区。

黑水龙是巴西第一个发现的原蜥脚类恐龙。

原蜥脚类是一群半二足的草食性恐龙，与较晚期、较衍化的蜥脚下目恐龙有关系，蜥脚类恐龙包含一些地表上出现过最大型的动物，例如腕龙。南十字龙是另一种早期恐龙，也出土于附近地区。而 1999 年发现于巴西的 Teyuwasu，可能也是原蜥脚类恐龙。

但是，黑水龙的最近亲板龙，却是出土于遥远的德国，年代为 2 亿 1000 万年前。这显示在三叠纪，动物群可轻易地在盘古大陆上迁徙。

发现与命名

黑水龙是在 2004 年 10 月份的《动物分类》杂志上正式公布的。属名中的"unay"，在图皮语中意为"黑水"；而化石的发掘地叫阿瓜内格拉，在葡萄牙语中也是"黑水"的意思；种名 Tolentinoi 则是以第一个发现化石的居民托伦蒂诺·马拉菲加为名。

鼠 龙

鼠龙意为"老鼠蜥蜴"，是种草食性原蜥脚类恐龙。鼠龙是种非常早期的恐龙，生存年代为晚三叠纪的阿根廷南部，约2.15亿年前。

鼠龙的化石来自于未成年个体与幼体，长度为20～37厘米；科学家估计成年个体的身长可达3米，重量约70千克。

鼠龙可能是种过渡物种，鼠龙在科学分类法中的状态是蜥脚形亚目的未定位属，可能属于原蜥脚下目，也可能属于早期蜥脚下目。

发 现

鼠龙的化石是由古生物学家何塞·波拿巴（Jose Bonaparte）的挖掘团队在20世纪70年代所发现，出土于阿根廷的 El Tranquilo 组。除了幼体标本以外，还发现了鼠龙的蛋巢、蛋壳，使科学家可以研究鼠龙与其他原蜥脚类的繁衍方式。

虽然标本的年龄小，但从四肢古骨盆可以辨认出鼠龙是一种原蜥脚类恐龙。

繁 衍

古生物学家在阿根廷发现了鼠龙的蛋巢、蛋壳以及刚孵化的幼体的化石，蛋巢内有多颗蛋。鼠龙的幼体身长为20～37厘米，约为小型蜥蜴的长度。鼠龙的幼体化石有短头部、短颈部、长尾巴以及大型眼眶。

幼年与成年个体的身体比例通常不同，成年鼠龙可能有较长的口鼻部与颈部，外表较类似原蜥脚类恐龙。

板　龙

板龙意为"平板的爬行动物"，食植物的板龙是生活在地球上的第一种巨型恐龙。

板龙是生存于2亿年前的古老恐龙，分类上属于古蜥脚亚目（即原蜥脚类），科学家认为它们是蜥脚亚目的雷龙、腕龙、梁龙等恐龙的祖先，外形与雷龙近似，但体格较小，而且前肢矮小，也许有时候可以用后肢站立吧。

从外表看，它像是介于用2足与4足步行的杂食性恐龙，属于初期的草食恐龙，好像也吃肉，但有关这点尚无确切的资料作为证据。

板龙全长约7米，站立时头部高约3.5米，是最早的高大食素性恐龙。头细小，口中有齿，颈长尾长，躯体粗大。后肢粗长，前肢短小，有5个指头，拇指有大爪，爪能自由活动，能用利爪赶走敌人，也能抓摘食物。

在板龙出现以前，最大的食草类动物的身材也就像一头猪那样大。而板龙要大得多，它的尺寸有一辆公共汽车那样长。有时候，它用四肢爬行并寻觅地上的植物，但当需要时，它可以靠两只强壮的后腿直立起来，寻找其他可觅食的地方。

板龙与在它之前生存的任何一种恐龙都不同，它可以够到最高的树木的树梢。板龙的牙齿和上下颌的结构都不大适合于咀嚼。因此，板龙大概是通过吞下各种石头，让它们储存在胃中，像一台碾磨机那样滚动碾磨，把食物碾碎成糊状。

板龙可以很容易地向后弯曲它的指爪。

平时，按在地上像脚趾，但如果它想抓住什么东西的话，它就会弯曲自己的五只指爪，向前紧紧地攥成一个拳头。板龙直立行走是不容易的。它灵活的脖子使它过于头重脚轻，不可能总是以两脚着地的姿态行走。而四肢朝地的爬行方式对板龙来说，才更为舒服自然。

笨而大的板龙很可能要用四肢行走。有些科学家认为，它们喜欢群体活动，一起在树丛中寻找食物。

身体硕大的板龙，由于体温升高时散热不易，常在旱季缺乏食物时，作集体往海边迁徙的行动，也因横越沙漠需要忍受酷暑和口渴，所以万一在中途迷路，常会发生集体灭亡的惨事。

虚型龙

虚型龙是一种中小型食肉恐龙。它们常集成小群体活动，很像今天的野狼。虚型龙骨头中空，因此体态轻盈，能用长长的后腿快速奔跑。前肢相对短些，有 3 根带爪的手指。奔跑时，将前肢收靠近胸部，尾巴挺起向后以保持平衡。吻部尖细，使整个头部显得狭长。它的主食是些小型哺乳动物，也可能会袭击那些大型的食草恐龙。

虚型龙是早期恐龙成员之一，它仅仅约一米高（到骨盘位置），体重非常的轻。它可能是健跑者也是暴食者。
有一件可疑的事是有人发掘到在虚型
龙体内有另一只小型的腔骨龙骨骼。

这个发现，引起一些推测，有人
认为某些恐龙在体内生子，但后来发
现这不是小虚型龙，是虚型龙的猎
物——初龙。

相信所有恐龙的共同始祖是一种
食肉并且可以用后脚奔跑的爬行类。
可以肯定恐龙的始祖不是虚型龙。有

些恐龙的生存年代更为久远，例如在阿根廷所发现的黑瑞龙和始初龙。我们之
所以选择虚型龙为恐龙起源的代表性动物的原因，是在于它属于早期的恐龙，
并且在幽灵牧场发现许多它们的化石，所以我们对它们相当了解。

接下来长达 1.6 亿年，恐龙成为地球的统治者。然而，是什么进化上的特
征造成它们如此的特别？

从化石的证据中古生物学家很清楚地发现它们具有相当轻的骨头——骨头
是空心的，而且几乎像纸一样薄。（虚型龙 coelophysis，这个字即指"空心的
形式"）所以它们和当时其他体重较重的爬行类很不一样。速度比较快，而且其
站立的姿势相当笔直，使它们可以跨出更大的步伐——相对于另一种称为布拉
塞龙的爬行类，步伐属于半直立式，而且较为不规则。事实上，这种直立式的
姿势就是恐龙的固有特征之一。

在幽灵牧场所发现的两具骨骸是同类相残的证据。在它们的遗骸中，体内
有大量小虚型龙的骨头。由于这些骨头过于凌乱，而且体积过大，不可能源自
于胚胎，所以这些骨头属于在母腹中未出生的胎儿之说轻易被驳斥。

事实上在自然界中同类相残的例子可以说是屡见不鲜。通常发生的原因归
诸于极端压力与食物来源匮乏。如在干旱期间，当水池逐渐干枯，使鳄鱼被迫
挤在狭小的空间时，它们就会开始同类相残。相同地，当面临长期干旱的时候，

虚型龙也开始同类相残吃食弱小同类。

在这里我们也顺便阐述一个关于恐龙的理论——这些早期的肉食恐龙并不需要排尿。这种理论与现今鸟类和哺乳类的不同。哺乳类透过一种称为尿素的化合物排出含氮的排泄物，这种排泄物有毒，所以需要水稀释。

然而，鸟类是以尿酸的形式来排出氮物质，尿酸不具毒性所以不需要借由水分排出。既然鸟类为恐龙的后裔，所以可能早在恐龙进化成鸟类前就发展出这种能力。显然这样的能力在干燥的三叠纪时期非常有利于生存。

南十字龙

南十字龙是恐龙总目下的一属恐龙，也是已灭亡的恐龙中的一属。南十字龙是一种小型的兽脚亚目恐龙。南十字龙生活于三叠纪晚期的巴西。

南十字龙的唯一标本发现于巴西南部南里约格朗德州（Rio Grande de Sul）的圣母玛利亚组地层。

因为被发现的时候是 1970 年，而当时在南半球发现恐龙的例子极少，因此恐龙的名字便根据只有南半球才可以看见的星座南十字星命名。南十字龙由当时在美国自然史博物馆工作的内德·科尔伯特（Edwin Harris Colbert）首次叙述。

南十字龙生活于三叠纪晚期卡尼阶（约2.25亿年前），是已知最古老的恐龙之一，身长2.1米，尾巴的长度约80厘米，体重约30千克。虽然它的牙齿和姿态显示它是一个肉食类的恐龙，但是有些研究人员认为它是属于蜥脚下目类的恐龙，因为南十字龙的骨骸类似原蜥脚下目。

南十字龙可能代表蜥臀目的祖先到兽脚亚目和蜥脚形亚目的分歧进化的过

渡期。然而另一个在亚利桑那州多色沙漠发现的未命名化石，被认为是种典型原蜥脚下目恐龙，似乎原蜥脚下目是在南十字龙出现前就已经演化出来了。新的研究显示南十字龙与近亲始盗龙、艾雷拉龙属于兽脚亚目，而且是在蜥脚下目与兽脚亚目分开演化后，才演化出来的。

南十字龙的化石记录极为不完整，只有大部分的脊椎骨、后肢和大型下颌。但是，因为化石的年代是在恐龙时代的早期，而且原始，所以大部分的南十字龙特征都得以重建。

譬如南十字龙常被提及的五根手指与五个脚趾，这是一个非常原始的恐龙特征。自从南十字龙的腿部骨骼被发现后，南十字龙被视为快速奔跑者。南十字龙只有两个脊椎骨连接骨盆与棘脊柱，这是一个明显的原始排列方式。

南十字龙的尾巴可能长而细；较晚期的蜥脚下目恐龙，有较大、较短的尾巴。

重建过的下颌骨，显示出滑动的下巴关节，可让下颚前后、左右、上下摆动。因此，南十字龙能将较小的猎物，沿着小而往后弯曲的牙齿，往喉咙后方推动。这个特征在当时的兽脚亚目恐龙相当普遍，但在晚期的兽脚亚目恐龙则消失了，被推测是因为它们吞食较小猎物时，已不需要这种方式。

因为目前只有一个南十字龙标本，所以目前仅知普氏南十字龙。普氏南十字龙是以科尔伯特的古生物学同事 Llewellyn Ivor Price 为名。

然而，还有其他的南十字龙科恐龙，例如由 Murray 与 Long 在 1985 年命名的钦迪龙。钦迪龙发现于年代相近的亚利桑那州的和新墨西哥州地层。这显示南十字龙科在中盘古大陆分布广泛。

恶 魔 龙

恶魔龙（学名：Zupaysaurus），是兽脚亚目下的一个属，生活于三叠纪晚期的南美洲。虽然没有发现完整的骨骼，但恶魔龙被认为是双足的肉食性恐龙，身高达 4 米。它的鼻端有着两个平行的冠状物。

描 述

恶魔龙是中型大小的兽脚亚目恐龙。一个成年的头颅骨约为 45 厘米长，体长由鼻端至尾巴约为 4 米。与其他兽脚亚目相似，恶魔龙单以后脚行走，而前肢用作抓住猎物。牙齿与前上颚骨及上颚骨有一个小型的间隙，而脚踝的距骨及跟骨则接合在一起。

头颅骨上有两个小型的冠状物，与同是兽脚亚目的双脊龙及合踝龙相似。这些冠状物主要是由鼻骨组成，这点就不像其他兽脚亚目恐龙是连同泪骨。在头颅骨上的冠状物在兽脚亚目中是很普遍的，可能是用来沟通，如辨认同属或种。

但是，很多近期头颅骨的研究则使人们对恶魔龙是否拥有这些冠状物产生了疑问。还有的人指出这些冠状物实为在化石往前移的泪骨。

分 类

恶魔龙属的名字是由盖丘亚语的"恶魔"而来，意即"恶魔的蜥蜴"。它的模式种为罗氏恶魔龙，是为纪念带领考察队发现其完模标本的吉勒莫·罗杰尔而命名的。恶魔龙首先由阿根廷古生物学家 Andrea Arcucci 及罗多尔夫·科里亚于 2003 年所描述。

恶魔龙原先因为头颅骨及后脚的数个特征，而被分类为已知最早的坚尾龙类。

但最初的研究人员也注意到恶魔龙拥有几个典型的基础兽脚亚目特征。更多的研究亦都同意后者，遂将恶魔龙分类为腔骨龙超科，与斯基龙及双脊龙有关，这群动物可能比包括理理恩龙、合踝龙及腔骨龙的另一生物群还要原始。有学者于 2006 年将恶魔龙与双脊龙及 Dracovenator 建立为另一单系群的科，称为双脊龙科。

化 石

现时已知的只有一个恶魔龙化石，编号为 PULR-076。它包括一个接近完整的头颅骨、右肩带、右脚下部分及脚踝和 12 节由颈部经背部至臀部的脊骨。另外亦有一个较小型的部分在同一地方发现，但却不清楚是否属于恶魔龙。两个标本都同时存放在阿根廷拉里奥哈的拉里奥哈国立博物馆。

恶魔龙是在阿根廷拉里奥哈省的洛斯科洛拉多斯组中发现。这个地层一般认为是三叠纪晚期的诺利克阶（距今 21600 万～20300 万年前），但是仍然被编定于较为后期的雷蒂亚阶（距今 20300 万～20000 万年前）。这个地层亦同时发现几种早期的蜥脚形亚目恐龙，包括有里奥哈龙、科罗拉多斯龙及莱森龙。

原美颌龙

原美颌龙又名原细颚龙、始秀颌龙，是种小型兽脚亚目恐龙，生存于晚三叠纪，约 2 亿 2200 万年前到 2 亿 1900 万年前。

原美颌龙是由埃伯哈德·弗拉士在 1913 年所命名。他基于在德国符腾堡发现的保存状况差的化石，命名了模式种三叠原美颌龙。

原美颌龙的属名从美颌龙衍化而来，美颌龙是种晚侏罗纪恐龙，晚于原美颌龙约 5000 万年；Kompsos 在希腊文意为"美丽的""优美的""精致的"，gnathus 意为"颌部"，而 pro 意为"之前"或"的祖先"；但之后的研究并不支持原美颌龙与美颌龙之间有直接关系。

古生物学

原美颌龙身长约 1.2 米。原美颌龙是二足恐龙，拥有短前肢、长后肢、大型指爪、长口鼻部、小型牙齿以及坚挺的尾巴。它们生存于相当干燥的内陆环境，可能以昆虫、蜥蜴或其他小型猎物为食。

分 类

原美颌龙无疑是一种小型、二足肉食性恐龙，但唯一的化石保存状态极差，使得原美颌龙很难正确地分类。原美颌龙过去曾被认为是种兽脚亚目恐龙，但有些科学家认为原美颌龙是种原始的鸟颈类主龙。

在 1992 年，保罗·塞里诺等人提出原美颌龙的正模标本是个嵌合体，头骨来自于喙头鳄亚目的跳鳄，身体来自于角鼻龙下目的斯基龙。

然而在 2000 年，奥利佛·劳赫等人注意到原美颌龙的脊椎显示它们可能属于腔骨龙科或角鼻龙下目；而 M. T. Carrano 在 2005 年重新研究它们的近亲斯基龙时，发现原美颌龙与斯基龙都属于恐龙总目腔骨龙科。

里奥哈龙

里奥哈龙意为"里奥哈蜥蜴"，是种草食性原蜥脚下目恐龙。里奥哈龙是以阿根廷拉里奥哈省为名，它们是由约瑟·波拿巴所发现。

里奥哈龙生存于晚三叠纪，它们身长约 10 米。里奥哈龙是里奥哈龙科中唯一生存于南美洲的物种。

叙　述

里奥哈龙与人类的体型相比，它拥有重型身体、庞大结实的腿以及长颈部与长尾巴。以原蜥脚类的标本而言，里奥哈龙的腿骨大、密度高。里奥哈龙的脊椎骨中空，可减轻重量。

大部分原蜥脚类的荐椎只有 3 节，里奥哈龙的荐椎有 4 节。它们可能改以四足方式缓慢移动，而且不能以后腿支撑站立。里奥哈龙的前后肢长度相近，证明它们应为四足步态。

里奥哈龙被发现的第一个化石并没有头颅骨，后来才发现里奥哈龙的颅骨。牙齿呈叶状，有锯齿边缘。上颌的前方有 5 颗牙齿，后方有 24 颗牙齿。

分 类

许多科学家认为里奥哈龙是黑丘龙的近亲，黑丘龙是三叠纪到侏罗纪早期的最大型原蜥脚类恐龙。但英国布里斯托大学的研究认为，里奥哈龙的颈部骨头较长，与其他发现于阿根廷洛斯科罗拉多斯组的原蜥脚类恐龙不同。

由于里奥哈龙与近亲黑丘龙的巨大体型与四肢结构，曾有研究认为它们是早期的蜥脚类恐龙。彼得·加尔东与保罗·塞里诺曾反对蜥脚类演化自原蜥脚类的理论，提出这是两个独自演化的演化支。

如果属实，里奥哈龙与蜥脚类恐龙的共同特征，将是平行演化的结果。

侏罗纪——霸主的盛世

侏罗纪时爬行动物迅速发展。槽齿类灭绝,海生的幻龙类也灭绝了。鸟臀类恐龙和蜥臀类恐龙都有了进一步发展。会飞行的爬行动物第一次滑翔于天空之中。鸟类首次出现,这是动物生命史上的重要变革之一。

侏罗纪时期的世界

在侏罗纪时期，恐龙开始遍布整个大陆，鸟类也开始出现，但会飞的爬行动物仍掌握着天空的主导权。河里栖息着大量的鳄鱼和一种叫蛇颈龙的大型爬行动物，外形酷似海豚的鱼龙和鲨鱼则在海洋里遨游。

暖湿的气候

当泛古陆在侏罗纪四分五裂时，汪洋大海在大陆之间形成。海平面上升，大片的陆地被海水淹没。那时的地球与三叠纪时期相比，温度更低，湿度更大，但仍比今天的地球温度高。在温暖、湿润的气候条件下，那些在三叠纪时期还是沙漠的地区已被繁茂的植被覆盖，地球大部分陆地表面都布满了森林。

素食恐龙

新的、独特的草食恐龙在侏罗纪时期迅速崛起。例如，剑龙和甲龙，它们身上长有保护性的骨板和骨钉。

在侏罗纪中期诞生了名为棱齿龙的草食恐龙。它们小巧敏捷，依靠速度逃避掠食者，是最迅捷的恐龙之一。

恐龙中的巨人

体型庞大、以植物为食的蜥脚类恐龙最早出现在三叠纪时期，但直到侏罗纪时期，它们才开始遍布整个世界。蜥脚类恐龙是动物史上最大的动物，它们生有极长的脖颈，这让它们可以吃到其他恐龙无法够到的高树上的叶子。

侏罗纪杀手

许多侏罗纪时期的兽脚类恐龙都是巨型的。它们体长达 12 米，能够杀死最庞大的蜥脚类恐龙，其尖锐、致命的牙齿和强有力的下颚几乎能够击溃所有对手。小型兽脚类恐龙可能比较常见，但它们的化石并没有大型兽脚类恐龙多，这是因为它们轻巧、中空的骨骼容易粉碎、消散。它们主要依靠速度和利爪来捕杀猎物，有的则依赖集体行动。

双脊龙

双脊龙生存在侏罗纪早期时代。

外　形

双脊龙长达 6 米，站立时头部高约 2.4 米。头顶上长着两片大大的骨冠，故名双脊龙。前肢短小，善于奔跑。是侏罗纪早期的食肉恐龙，鼻嘴前端特别狭窄，柔软而灵活，可以从矮树丛中或石头缝里将那些细小的蜥蜴或其他小型动物衔出来吃掉。

与后来的大型食肉恐龙相比，双脊龙的身体显得比较"苗条"，所以它行动敏捷。口中长满利齿，也能捕杀一些大个子的食草恐龙。但是，也有些科学家怀疑它的牙齿功能，说它只是一种食腐肉的恐龙。

骨　骼

双脊龙的整个身体骨架极细。它的头部有两块骨脊，呈平行状态。头骨上的眶前窗比眼眶要大。它的下颌骨比较狭长，上下颌都长着锐利的牙齿，但上颌的牙齿比下颌的牙齿长。双脊龙的后肢比较长，其中耻骨占了很大比例。

双　脊

双脊龙的头上有圆而薄的头冠。有的古生物学家认为其头冠是雄性双脊龙争斗的工具。但是经考证，双脊龙的头冠是比较脆弱的，不太可能用于打斗。

所以有的古生物学家认为，双脊龙的头冠也许只是用来吸引异性的工具。头冠大的双脊龙可能在群居中占有较大的地盘，并拥有和更多雌性恐龙交配的特权。

生活形态

双脊龙能够飞速地追逐草食性恐龙。比如全力冲刺追逐小型、稍具防御能力的鸟脚类恐龙，或者体形较大、较为笨重的蜥脚类恐龙，如大锥龙等。在追到猎物后，会用长牙咬并同时挥舞脚趾和手指上的利爪去抓紧食物。

梁　龙

梁龙是有史以来陆地上最长的动物之一，比雷龙、腕龙都要长，但是由于头尾很长，身体很短，因此体重并不重，梁龙脖子虽长，但由于颈骨数量少且韧，因此梁龙的脖子并不能像蛇颈龙一般自由弯曲。

腕龙、雷龙、梁龙的鼻孔都是长在头顶上的。如果脖子最长的恐龙是马门溪龙，尾巴最长的恐龙一定就是梁龙了。

梁龙全长 27 米，是恐龙世界中的体长冠军。由于背部骨骼较轻，使得它的身躯瘦小，只有十几吨重，体重远不如马门溪龙。

它的牙齿只长在嘴的前部，而且很细小，这样它就只能吃些柔嫩多汁的植物了。鞭子似的长尾巴可以帮助它抵御敌害，也可以赶走所到之处的其他小动物。可以想象得出，梁龙在吃食的时候，尾巴在不断抽打的情形。

梁龙是个巨大的恐龙，它脖子长约 7.8 米，尾巴长约 13.5 米。尽管梁龙体型巨大，梁龙的脑袋却是纤细小巧。它的鼻孔长在头顶上。嘴的前部长着扁平的牙齿，嘴的侧面和后部则没有牙齿。它的前腿比后腿短，每只脚上有五个脚趾，其中的一个脚趾长着爪子。梁龙成群活动，它们走路非常的慢。

梁龙不做窝，它们一边走路一边产卵，因此恐龙蛋形成一条长长的线。它们不照顾自己的孩子。

梁龙的脑袋非常小，所以它不聪明。梁龙是草食动物。吃东西时，它不咀嚼，而是将树叶等食物直接吞下去。一些大型食肉恐龙会捕食梁龙，如果让 20 位 10 岁左右的小朋友头脚相接地躺在地上，他们组成的长度基本上同梁龙的体长差不多。

梁龙的脖子又细又长，尾巴像鞭子，四条腿像柱子一般。梁龙的后腿比前肢稍长，所以它的臀部高于前肩。从其纤细、小巧的脑袋到其巨大无比的尾巴顶梢，梁龙的身体被一串相互连接的中轴骨骼支撑着，我们称其为脊椎骨。它的脖子由 15 块脊椎骨组成，胸部和背部有 10 块，而细长的尾巴内竟有大约 70 块！

尽管梁龙身体庞大，但它完全可以用脖子和尾巴的力量将自己从地面上支撑起来。梁龙能用它强有力的尾巴来鞭打敌人，迫使进攻者后退；或者用后腿站立，用尾巴支持部分体重，以便能用巨大的前肢来自卫。

梁龙前肢内侧脚趾上有一个巨大而弯曲的爪，那可是它锋利的自卫武器。就像人类的鞋后跟一样，梁龙的脚下大概也生有能将其脚趾垫起来的脚掌垫。

有了它，梁龙在行走时就不会因为支持沉重的身体而使肌肉感到太吃力。

梁长得又高又长，简直就像一幢楼房。按说身躯如此庞大的梁龙，体重也应该不轻，可是实际上它们只有 10 多吨重，那些比它们个头小许多的恐龙倒往往比它们重上好几倍。那是因为，梁龙的骨头非常特殊，不但骨头里边是空心的，而且还很轻。

因此，梁龙这样的庞然大物就不会被自己巨大的身躯压垮了。

角 鼻 龙

不论现在的肉食哺乳动物或古代的肉食恐龙身上，都很少有"角"存在，而这个凶猛的角冠龙竟然在鼻子上方长有一根尖刺，真是非常特殊的肉食动物。不过以体形来说，只能算是中型的肉食恐龙而已。

在侏罗纪晚期，有一种个子大却很凶残的食肉恐龙，从外形上看，它与其他的食肉恐龙没有太大区别，都是大头，粗腰，长尾，双脚行走，前肢短小，上下颌强健，嘴里布满尖利而弯曲的牙齿。

但它的鼻子上方生有一只短角，两眼前方也有类似短角的突起，这可能就是它被称为角冠龙的原因。另外，从后脑没背脊直到尾部还生有小锯齿状棘突。

那么角鼻龙会游泳吗？

恐龙生活的地方河流湖泊纵横，它们经常需要同水打交道。但是，恐龙都会游泳吗？答案是否定的。

事实上只有很少的一部分恐龙能够游泳。诸如有些蜥脚类恐龙在逃避肉食恐龙的追捕时能够进入河流中躲避。不过它们都只能做一些简单的游泳。

根据一些科学家的推测，大部分肉食恐龙不喜欢在水中生活，它们喜欢生活在比较干燥的地方，角鼻龙也是如此。

弯　龙

弯龙（学名：Camptosaurus）意为"可弯曲的蜥蜴"，是一属草食性、有喙状嘴的恐龙，生活于晚侏罗纪至下白垩纪的北美洲和英国。由于当弯龙以四足站立时，它的身体形成一个拱形，故取此名。

最大的成年弯龙多为 7 ~ 9 米长，臀部达 2 米高，体重约 1 吨。虽然它们的身体属重型，由化石足迹来判断，它们除了以四肢来步行外，亦能够以双足步行。

弯龙属很可能是禽龙及鸭嘴龙科祖先的近亲。它们可能以它鹦鹉般的喙嘴来吃苏铁科植物。叶状牙齿位于嘴部后段，拥有骨质次生颚，使它们进食时可以同时呼吸。灵动的颌部关节，使颊部可前后移动，上下颊齿便可产生研磨的动作。眼窝中有块眼睑骨罕见地横突着。

如同其他鸟脚类恐龙，弯龙脊椎骨神经棘侧边的筋腱呈交错形态，可协助强化脊柱并使背部硬挺。荐椎有 5 ~ 6 节，弯龙与禽龙的每节荐椎间都有特殊的桩窝关节，可进一步强化脊柱。骨盆下部的骨头朝后，可容纳更大的肠道。

弯龙的手部有五根指头，前三根有指爪。拇指最后一节是马刺状的尖状结构，与禽龙的笔直尖爪不同。

化石足迹显示，弯龙的手指间没有肉垫相连，这点与禽龙不同。数根腕骨互相固定，可强化手部结构以支撑重量。弯龙的第一趾爪小型，向后反转不触地。

圆 顶 龙

圆顶龙英文名（Camarasaurus）的含义是"带着小房间的爬行动物"。植食性，生活在侏罗纪晚期，体长可达到20米，体重可达20吨，主要分布在北美。

圆顶龙的脑袋小而长，鼻子是扁的。

牙齿长得像勺子一样，当磨损坏了时，它还能长出新的牙来代替原来的旧牙。圆顶龙的腿很粗，每只脚有五个脚趾，中趾长着锋利的爪子。它的前腿比后腿略短一点儿。圆顶龙是群居动物。

它们不做窝，而是一边走路一边产卵，生出的恐龙蛋形成一条线。圆顶龙照看自己的孩子。它们的脑袋很小，所以不太聪明。

圆顶龙是草食动物。吃东西时，它不嚼，而是将叶子整片吞下。它吃蕨类植物的叶子以及松树。圆顶龙有个非常强壮的消化系统，它会吞下砂石来帮助消化胃里其他坚硬的植物。食植物的圆顶龙腿像树干那样粗壮，可以稳稳地支

撑起它全身巨大的体重。

圆顶龙的脖子比其他蜥脚类恐龙（如腕龙），要短很多。它可能是靠吃树低矮处的枝叶为生，而把树顶部的嫩树叶留给了身材高大的亲戚们。

在圆顶龙短而深的头骨内，包藏着很小的大脑。但它的嗅觉却极其灵敏，这有助于它躲避危险。在它的眼睛前部，长着两只巨大的鼻孔，耸在头顶上。圆顶龙的大牙齿长得像凿刀，用来大量地啃断树叶树枝。

它每天的绝大部分时间都是在吃，从一个灌木丛挪到另一个灌木丛，因为它庞大的身躯需要许多食物来补充养料。圆顶龙的大脚分担了它的体重。在每只前脚上长着一个长而弯曲的爪。它就是靠着这对长爪砍杀攻击它的敌手，以保护自己。

圆顶龙是腕龙的一个分支，身材虽然比腕龙小很多，但是体格极为粗壮、结实。

与前面几种巨型长脖恐龙相比，它的脖子要短得多，尾巴也要短一截，所以显得更加敦实。头骨较大，有浑圆的头顶，吻部短钝。嘴里的牙齿排列得较密。鼻孔长在眼眶的前上方，鼻腔巨大，肯定有良好的嗅觉。脊椎骨空腔，大大减轻了体重。看似笨拙，却能用尾巴帮忙支撑身体站立起来，采食高处的树叶。

雷 龙

迷惑龙可能是所有恐龙中最受宠的一群，曾经广为人知的名字是雷龙（Brontosaurus），今天它失掉这个熟悉的名字，主要是因为古生物学家在命名上如此的严谨。

迷惑龙的得名是因发现了一个非常大的恐龙胫骨，令研究者十分迷惑，而于 1877 年命名为 Apatosaurus，原意就是"迷惑"的意思。之后，1883 年另一群研究者发现几个零碎的恐龙骨骼化石，推测这个恐龙体型巨大，行进时可能如雷声隆隆，故取名雷龙。

然而根据后续发现的其他化石说明迷惑龙与雷龙是同一种生物。依据古生物学的命名优先权，迷惑龙命名在先，故取消雷龙的命名以"迷惑龙"称之。

在 1.4 亿年前的北美洲丛林，午后时分，翼龙和始祖鸟在树上歇着，偶尔扇动几下翅膀，林中时而传来几声昆虫的鸣叫。突然，传来"轰""轰"的声音，由远而近，越来越响，好像雷声一样沉重。

然而，天上除了飘浮的朵朵白云外，一碧如洗，毫无变天的迹象。晴天打雷，岂不是咄咄怪事！原来这不是天上的雷声，而是丛林里走出了一只大型蜥脚类恐龙。因其脚步沉重，声音巨大，每踏下一步，就发出一声"轰"响，好似雷鸣一般，所以古生物学家给这种恐龙取了一个形象的名字，叫作雷龙，意思是"打雷的蜥蜴"。

雷龙体躯庞大，重约 40 吨，体长可达 24 米。四肢粗壮，脚掌宽大，脚趾短粗，前脚上具有 1 个发达的爪子、后脚上具有 3 个发达的爪子。雷龙自发现以后，便"身世"不凡，起初人们把它视作最重的恐龙。尔后，美国一家石油公司耗费巨资，用它的复原形象做广告，使其普及到了家喻户晓的程度。

其实，当初的雷龙复原像并不准确，长脖子的顶端生着圆顶龙似的头骨，这是因研究疏忽大意而造成的，错将圆顶龙的头骨装到了雷龙的骨骼上。

后来，经进一步调查核实，新一代的恐龙专家们终于弄清楚了雷龙头骨的真相。

雷龙的头骨与梁龙的头骨相似，较为低长，侧面看上去呈三角形，吻端很低，只有一个鼻孔，且位于头的顶端；口中的牙齿较少，着生在颌骨的前部，牙齿呈棒状，恰似铅笔头。

它们喜欢群体活动，当一大群雷龙从远处走来时，一定是尘土蔽日、响声如雷——这就是它名称的由来。

　　这种像肉山一样的大个子，长着一条长脖子和一个很相称的小脑袋。头小身子大的雷龙，一定要花大量的时间来吃东西，而且还很狼吞虎咽。食物从长长的食管一直滑落到胃里，在那儿，这些食物会被它不时吞下的鹅卵石磨碎。

　　雷龙是食草或树叶的动物。我们在博物馆见到的一些恐龙化石，大多就是这种恐龙。

　　雷龙及其"姊妹"——梁龙等动物，代表了蜥脚类的另一演化方向，这类动物不仅颈长，而且尾巴更长，尾的末端变细，呈鞭子状。由于它们也是进步的蜥脚类恐龙，脊椎骨上的坑凹构造也相当发达，就连椎体的内部，都还有孔洞，这是大恐龙适于陆地生活而减轻自重的适应性变化。

超　龙

　　这种恐龙是 1972 年在美国科罗拉多州所发现的少数超大型骨头的昵称。超龙从没有被正式命名或者作科学性描述过，这些零星的骨头，包括了 2.5 米长的肩胛骨；1.8 米宽的骨盘，及 3.1 米长的肋骨，有些古生物学者推算超龙可能长达 27 米，而体重可以高达 68 吨，另外一些人推估甚至可能体型更长，体重甚至可达到 90 吨。

　　无论如何，它必然是个庞然大物，仅一个超龙的脊柱就可以长达 1.4 米！

扑朔迷离的身份

　　说超龙的身份扑朔迷离一点也不错。其实，自从 20 世纪 80 年代中期开始，在美国的科罗拉多州已经开始找到一些身份不明的、零碎的恐龙化石。

本来，这些零碎的化石应该一点也不起眼，不过它庞大的体积却引起了很多人的注意。由于只有零碎的化石，古生物学家不能够通过正常的途径替超龙命名，所以"超龙"这个名字并不是正式的名字。超龙的确曾经被视为可能是地球史上最庞大的生物，直至阿根廷龙被发现。

超龙可以说是巨型的恐龙，和大部分长颈素食恐龙一样属于蜥脚类。在超龙的分类上古生物学家一直存在分歧；有理论指出超龙并不是一种新品种的恐龙，而是体型过大的腕龙。

还有古生物学专家指出超龙属于独立的品种，和现已发现的恐龙并不相同。但由于证据不足，一切争论至今仍未有定案，所以我们并不能百分百地确认超龙的真正身份。

巨型的恐龙

虽然只发现过零碎的恐龙化石，但这些"零碎的化石"却令专家也吓了一跳。

发现过的化石有肩胛骨（2.5 米长），骨盆（1.8 米长），肋骨也长达 3.1 米。不过我们可以肯定的是超龙跟梁龙、腕龙属于同类型的蜥脚类恐龙。

古生物学家依照现有的化石推测，超龙至少长 27～30 米。由于化石类似腕龙而非梁龙，我们估计超龙跟腕龙一样是头抬得高，体重较重。推测体重大概达到了 66 吨，甚至有人推测它重达 88 吨，这几乎可以说是在陆地上生存动物的最大极限了。

而超龙把头抬高，高度可以达到五层楼（15 米）。至于恐龙的体重也是值得研究的一个部分，因为这部分是关于恐龙的结构问题，所以可以用工程学来衡量。

在估计超龙体型的资料期间，我们考虑到在陆地上生存动物的最大极限（在陆地上生存的动物最大可能可以生长到多高、多重）。由于体型庞大的动物在陆地上生存需要克服最大的问题：重力，所以体型上仍然存在架构上的极限。

如果动物的体重太重的话，四肢便要承受很大的压力。

以超龙估计体重为66吨来计算，平均每只脚要承受的重量是16.5吨。这是个很惊人的重量，如果脚部结构不够坚固，脚部随时会被身体重量压得粉碎。而这样的生物也是无法在地球上生存的。

在考虑到这方面的问题后，我们认为在陆地上生存的，可以随意地移动的动物体重很难超过80吨。

所以，我们认为超龙不会超过80吨。不过，真正的答案仍然要等候将来找到更多的化石才会揭晓。

马门溪龙

1.45万年前，恐龙生活的地区覆盖着广袤的、茂密的森林，到处生长着红木和红杉树。成群结队的马门溪龙穿越森林，用它们小的、钉状的牙齿啃吃树叶以及别的恐龙够不着的树顶的嫩枝。

马门溪龙四足行走，它那又细又长的尾巴拖在身后。在交配季节，雄马门溪龙在争雌的战斗中用尾巴互相抽打。

马门溪龙是中国目前发现的最大的蜥脚类恐龙，因发现于中国四川宜宾马门溪而得名。此属动物全长22米，体躯高将近4米。它的颈特别长，相当于体长的一半，不仅构成颈的每一颈椎长，且颈椎数亦多达19个，是蜥脚类中最多的一种。

另外，颈肋也是所有恐龙中最长的（最长颈肋可达2.1米）。与颈椎相比，背椎（12个）、荐椎（4个）及尾椎（35个）相对较少。

各部位的脊椎椎体构造不同：颈椎为微弱后凹型，腰椎是明显后凹型，前尾椎是前凹型，后尾椎是双平型，前部背椎神经棘顶端向两侧分叉，背椎的坑窝构造不发育，4个荐椎虽全部愈合，但最后一个神经棘部是分开的。

肠骨粗壮，其耻骨突位于肠骨中央；坐骨纤细；胫腓骨扁平，胫骨近端粗壮，长度相等。距骨较发育，其上面的胫腓骨关节面深凹，故中央突起很高，跗骨短小，后肢的第一爪粗大，各趾骨的形状特殊。

马门溪龙属最著名的两个种：一为合川马门溪龙，发现于四川省合川县和甘肃永登；另一个为建设马门溪龙，发现于四川宜宾。马门溪龙在蜥脚类演化史上属中间过渡类型，为蜥脚类恐龙繁盛时期（距今1.4亿年的晚侏罗世）的早期种属，在侏罗纪末全部绝灭。

最新发现

2006年8月26日，科学家在新疆奇台县发掘出一具恐龙化石。这具蜥脚类食草恐龙化石与1987年在同一地点发掘的恐龙化石都是马门溪龙，身体总长度为35米，比中加马门溪龙长5米。令人惊讶的是，这条恐龙仅脖子就长15米，是世界上脖子最长的恐龙。

此前，中加合作考察队在距离这具恐龙化石100多米的山上，发现了多具恐龙化石，其中一具蜥脚类食草恐龙化石，根据其颈肋长1.4米推断，它身长约30米、高约10米、重约50吨。当时，这条恐龙被确定为亚洲第一大恐龙，被命名为中加马门溪龙，其化石现藏于北京自然博物馆。

中科院古脊椎动物与古人类研究所高级工程师、新疆恐龙发掘现场总指挥

王海军确认，2006 年 8 月 26 日发掘的这具恐龙化石，已经取代中加马门溪龙而成为新的"亚洲第一龙"。

蜀 龙

蜀龙是一种独特的蜥脚下目恐龙，生存于中侏罗纪（巴通阶到卡洛维阶）的中国四川省，约 1.7 亿年前。

蜀龙的属名来自于四川省的古名（蜀）。蜀龙的化石发现于自贡市大山铺的下沙溪庙组。蜀龙与其他恐龙生存于同一块中侏罗纪陆地上，例如：蜥脚类的酋龙、峨嵋龙、原颌龙，可能属于鸟脚下目的晓龙，早期剑龙类的华阳龙以及肉食性的气龙。

蜀龙体长 12 米，高 3.5 米，头中等大小，脖子较短。前肢略长，后肢粗壮。牙齿呈钉耙状，边缘没有锯齿，以低矮树上的嫩枝嫩叶为食，蜀龙拥有短而纵深的头颅骨，鼻孔位在口鼻部偏低的地方，而匙状牙齿相当结实。蜀龙有 12 节颈椎、13 节背椎、4 节荐椎、43 节尾椎，有些尾椎的形状为人字形，类似较晚期的梁龙。肩胛骨与鸟喙骨愈合。

在 1989 年，发现蜀龙的尾巴末端拥有尾棒，可能用来击退敌人。蜀龙身体笨重行动缓慢。为防御敌人，尾部的最后四个尾椎逐渐进化成棒状的"尾锤"，并以此为武器。当肉食恐龙向它发动攻击时，它立即挥舞这个骨质尾锤，将敌人吓跑。在真正的搏斗中，尾锤也是有威力的。

蜀龙是在 1983 年首次叙述，目前已发现超过 20 个蜀龙骨骸，其中数个是完整或接近完整的骨骸，以及少数保存下来的头颅骨，使蜀龙成为蜥脚下目中生理结构最清楚的恐龙之一。模式种是李氏蜀龙，是由董枝明、张奕宏、周世武等人在 1983 年所叙述。而第二种是自流井蜀龙，但并没有正式的叙述，状态仍是无资格名称。

蜀龙被分类为一种基础蜥脚下目恐龙。它们与澳大利亚昆士兰州的瑞拖斯龙有紧密的亲缘关系。

蜀龙目前正在中国四川省自贡市的自贡恐龙博物馆中展示。

巴 洛 龙

巴洛龙，又译"重型龙"，学名意思是"笨重的蜥蜴"，生存在侏罗纪晚期。其化石是 1912 年美国化石采集家厄尔·道格拉斯在美国犹他州的卡内基采掘场挖出的。

巴洛龙与近亲梁龙很像，两者的身躯很长，站立时身体的最高点都在臀部；但两者颈部和尾巴的比例不同，巴洛龙的尾巴比例上较短，由极细长的颈部来平衡，颈部由肩膀伸出达 9 米之长，使得它几乎是北美洲最高的恐龙。

头 部

自巴洛龙被命名以来，人们一直没有发现巴洛龙头部的化石。科学家们在制作巴洛龙的模型时，一般把其头部塑造成扁且倾斜的形状。鼻孔的开口在眼睛的上方。这种设计是根据与巴洛龙相似的蜥脚类恐龙相吻合部位的骨骼而

做的。

颈 部

巴洛龙的颈部由 16 节以上的脊椎骨支撑着。这些脊椎骨节有的长达 1 米，并长着长支柱状的颈肋骨。不过，有深深的空洞以减轻重量。如果没有这种减轻重量的设计，这么长的颈部会重得让巴洛龙抬不起头来。

心 脏

有些科学家估计，要将血液送上巴洛龙位于长颈之上的脑袋，必须要有 1.6 吨重的心脏才能做到。但这么大的心脏的心跳速度会慢得让送上颈部的血液在下一次心跳之前就往下回流。

所以他们猜测巴洛龙可能有 8 个心脏，每一个心脏只需大到足够把血液送到下一个心脏就够了。但也有科学家认为，巴洛龙有现代的大心脏，在颈部有动脉阻止血液回流。此外肌肉收缩的波动也能将血液推回脑部。

尾 巴

巴洛龙拥有一条长长的鞭子状的尾巴。科学家根据已经发现的巴洛龙的尾骨推测，巴洛龙尾巴的末端容易弯曲，类似梁龙的尾巴。而且，无论尾巴是否容易弯曲，整个尾巴必须重到能与长长的颈部达到平衡，否则巴洛龙就无法正常地站立。但是也可以推测，由于这条长尾巴，巴洛龙的身体显得更为修长。

地 震 龙

地震龙拉丁文名的含义是"地震的蜥蜴"。它最早是 1979 年在美国新墨西哥州发现的，时代为侏罗纪晚期。已经发现的身体有尾巴、背部、臀部和后肢。

初看起来它很像梁龙，但地震龙具有更长的尾巴和粗壮的骨盆。据初步估计，它的长度至少有 35 米，甚至可达到 4 米。

地震龙长着长脖子，小脑袋，以及一条细长的尾巴。鼻孔长在头顶上。它的头和嘴都很小，嘴的前部有扁平的圆形牙齿，后部没有牙齿。

地震龙的前腿比后腿短些。每只脚有 5 个脚趾，其中的一个脚趾长着爪子。地震龙用四只脚走路，走得很慢。它们成群生活。地震龙是草食动物，吃东西时，地震龙将树叶整个咽下去，一口也不嚼。大型食肉恐龙捕食地震龙。地震龙是最大的恐龙，但部分科学家认为已发现的地震龙化石属于一只长得过大的梁龙。目前公认的最长的恐龙是地震龙。

到目前为止，我们所发现的身材最大的恐龙是地震龙，它的身长有 39 ~ 52 米，身高可以达到 18 米，体重达到 130 吨！也就是说，2 ~ 3 条地震龙头尾相接地站在一起，就可以从足球场的这个大门排到另一个大门。而如此笨重的庞然大物如果在原野上行走的话，它那硕大的巨脚每一次踩到地面都会使大地发生颤抖，就像地震一样。这就是"地震龙"一名的含义。

峨 眉 龙

峨眉龙是一种中型长颈的蜥脚类恐龙，总计发掘有四个不同的种，分别被命名为：荣县峨眉龙，釜溪峨眉龙，天府峨眉龙与罗泉峨眉龙。

其中较天府峨眉龙稍为小型的荣县峨眉龙发掘自荣县，是四川盆地中最早发现的蜥脚类恐龙，由杨钟健与 Camp 于 1936 年共同描述命名的。

峨眉龙是生活于侏罗纪中期的一种体形较大的恐龙，体长 12～14 米，高 5～7米，头较大，头骨高度为长度的 1/2 多。它的颈椎很长，所以脖子显得特别长，最长的颈椎为最长的背椎的 3 倍，超过尾巴长度的 1.5 倍。

峨眉龙前肢较短而粗壮，前肢第一指有爪，后肢第一、第二、第三趾上也有爪。它主要生活在内陆湖泊的边缘，牙齿粗大，前缘有锯齿，以植物为食。峨眉龙喜群体生活。

剑 龙

剑龙为一种巨大的生存于侏罗纪晚期的四只脚的食草动物。它们被认为是居住在平原上，并且以群体游牧的方式和其他如梁龙的食草动物一同生活。它的背上有一排巨大的骨质板，以及带有四根尖刺的危险尾巴来防御掠食者的攻击。长为 12 米、高 7 米，重达 7 吨。

剑龙长着一个像鸟一样的尖喙，喙里没有牙齿，但嘴里的两侧有些小牙。剑龙的背上有 17 块板状的骨头，在它尾巴的尖端还有着长刺。这些刺有 1.2 米长。剑龙的前腿比后腿短，前腿有五个脚趾，而后腿有三个脚趾。剑龙走路时用 4 条腿。它们可能群居生活。剑龙的脑袋非常小，不太聪明。剑龙是完全用四足行走的恐龙。大小与大象差不多，但体形却大不一样，前肢短，后肢较长，整个身体就像拱起的一座小山，山峰正好处在臀部。令人惊奇的是，从发现的化石得知，剑龙的背上有两排三角形的骨板，从颈部排到尾巴，宛如一把把插着的尖刀。

这些骨板有什么用处呢？长期以来，不少人对这个问题进行过研究，但是意见不一，至今还是一个悬案。

四 川 龙

甘氏四川龙是中型体型的异特龙类。它与北美洲发掘的异特龙极为神似。它是侏罗纪晚期游荡在四川盆地中装备齐全且极凶猛的掠食者。考察队经过一位天主教士 R. Mertens 的协助，在蒙阴县宁家沟北方 1.2 千米处找到了化石地点。他们在隔年请 Zdansky 来此进行采掘工作。

四川龙的齿冠高约为齿冠宽度的 2.5 倍。前面的牙齿凸度大，前缘锯齿深，可直达齿冠基部，并强烈向舌面弯曲。其余牙齿较扁，厚度相当于宽度的 2/3，前缘锯齿向舌面弯曲的程度不等。

所有牙齿前缘锯齿较后缘锯齿细而密。前部颈椎椎体相对较长，微弱后凹型，神经棘低而前后延长。后部颈椎椎体长度显著缩短，只有前部颈椎长度的 2/3 左右，紧接在副突之后有侧凹存在。背椎双平型，椎体侧面有粗的纵纹。长骨中空性差，甚至部分肢骨完全不中空。乌喙骨轮廓近椭圆形，外侧后方靠中部有瘤状脊。肱骨三角脊不特别发育。坐骨近端有发育的坐骨突，远端前后扩张。股骨小转节低，呈板状，斜向前外方。

腕　龙

　　腕龙的含义是"长臂蜥蜴"，是最高最大的恐龙之一。它是已知有完整骨架的恐龙中最高的。

　　腕龙生活在侏罗纪，是有史以来陆地上最巨大的动物。目前虽然已经挖出超龙、特超龙、地震龙等可能比腕龙更巨大，但目前还没有挖出完整的骨骸，因此还不能确定。腕龙、雷龙、梁龙的鼻孔都是长在头顶上的。这么高大的动物要采食高树上的枝叶，当然是很容易的。

　　与其他巨型食草恐龙一样，它也是长脖子小脑袋，头顶上的丘状突起，就是它的鼻子。腕龙前肢高大，肩部耸起，整个身体沿肩部向后倾斜，这种情况在现在的某些高个动物，如长颈鹿的身上还能看到。

　　它的肩膀离地大约5.8米，而当它的头抬起举高时，离地面大约有12米，虽然可能觅食高树梢的枝叶，有些科学家认为它不会让脑袋抬举太久——那将造成血液输送非常困难。

　　与其他恐龙不同的是，腕龙的前腿比后腿长，这样能帮助它支撑它的长脖子的重量。腕龙吃树梢上的嫩叶，其他吃草类动物是够不着的。依靠长长的脖子，它能够摘取最高处的树叶。今天的长颈鹿也是如此。

　　腕龙有发达的颌部，犹如边缘锋利的勺子一般的牙齿，可夹断嫩树枝和树芽。腕龙需要吃大量的食物，来补充它庞大的身体生长和四处活动所需的能量。一只大象一天能吃大约150千克的食物，腕龙大约每天能吃1500千克，是今天庞然大物食量的十倍！它可能每天都成群结队地旅行，在一望无际的大草原上游荡，寻找新鲜树木。

腕龙有一个巨大的身躯，还有着长长的脖子，它们的身体过于笨重，身长 24 米，重达 80 吨。别看它们个子大，胆子却非常的小，食肉恐龙一来，它们就纷纷跑进水里躲藏起来了。

这些恐龙都是吃植物的，由于身体太重都是四足支撑。尽管这样，行动依旧不便，只好在有水的地方活动，靠水的浮力来减轻一些体重，同时也躲避食肉恐龙的袭击。侏罗纪时期气候温暖，植物兴旺，为恐龙的生长提供了便利的条件。

爬行动物有个特点，身体终生都在不停地生长，各种类型的龙都在不停地吃不停地长，而腕龙这样的大型恐龙生长速度更快，吃得也更多。身边的植物吃完后，它们利用长长的脖子不用移动身体就能吃到远处的植物，由于脖子很长转动时很迟缓，要是再长个大脑袋就更加笨重了，所以它们的头都非常小，与整个身体都不成比例。

用现在的眼光看，它们的身体都是畸形的。我们知道头脑是指挥身体行动的"司令部"，脑量很少的话是不能协调身体运动的，而腕龙却恰恰如此。

为了解决这一矛盾，腕龙的中枢神经系统在腰部变大、膨胀，形成一个神经节，替大脑分管内脏和四肢的运动，这就是专家们所称的"第二大脑"和"恐龙有两个脑袋"的含义。

水对于腕龙来讲太重要了，水中的藻类、湖岸边的丛林为腕龙提供了丰富的食物，同时又弥补了腕龙体重过大、行动不便的弱点。更重要的是它保障了腕龙的安全，如果食肉恐龙来了，它们就迅速移到深水处，全身浸泡在水中，只把脑袋顶部的鼻孔露出水面呼吸，食肉恐龙只得望水兴叹了。

所以，这些龙除了产蛋、转移湖泊时上岸外，长期都是泡在水里。腕龙的鼻孔长在头顶上，就是为了方便在水里泡着的时候换气。腕龙潜水的本领可不小，它们可以长时间潜在水里不用换气，有些专家认为它们可以在水中潜 20 分钟以上。

扭 椎 龙

扭椎龙又被称为优椎龙，生活在侏罗纪晚期，一直是欧洲最著名的大型肉食性恐龙（有研究说"扭椎龙是一种食腐动物"）。不过，目前人们对这种恐龙的了解仅限于在英国挖掘出的一具化石标本。刚开始还把它和另一种大型的肉食性恐龙——斑龙，混在一起。

在恐龙最初被发现的一个多世纪里，它的分类一直很混乱。而在当时的西欧，古生物学家们认为只有斑龙一种大型的肉食性恐龙，所以在扭椎龙被发现时，它被毫无疑问地归到了斑龙一类中。

直到 1964 年，英国化石学家艾利克·沃尔克指出这种恐龙其实并不是斑龙，并给它取了一个新名字——扭椎龙，意为"彻底弯曲的脊椎骨"。

外　形

扭椎龙的身体比早期具骨板的鸟臀目恐龙要长得多。它的身体结构和斑龙类似，头很长，长长的上下颌中满是锯齿状的牙齿。其前肢生有三指，后肢长而粗壮。不仅能支撑起身体的重量，还能够敏捷地追赶猎物。

脚

同大多数兽脚类恐龙一样，扭椎龙的脚也是由三根趾头构成的，而且整体构造和现代的鸟类的脚类似。它的三根趾骨长度几乎相等，中间的那根从上往下逐渐变细。这反映了在兽脚类恐龙的演化过程中，趾骨在不断地发生变化。

生活形态

扭椎龙是一种大型的肉食性恐龙，它能积极快速地奔跑，去追逐猎物。有可能成为它的猎物的恐龙有鲸龙、棱齿龙和剑龙等。但是扭椎龙也可能是一种食腐动物，即使是相邻的岛上的腐尸，也能吸引它把尾巴作为平衡舵，从这个岛游到那个岛。

化 石

扭椎龙的化石是19世纪50年代在牛津乌尔沃哥特附近发现的。这具化石出现在海洋的沉积岩中。古生物学家们推测扭椎龙生前可能生活在河岸边，以搁浅的动物腐尸为食。在它死后，被河水冲到大海中。虽然这具骨骼化石并不十分完整，但它是迄今为止保存最完好的肉食性恐龙的遗骸。

灵　龙

　　灵龙是鸟脚亚目、棱齿龙科的一个属。植食性，体长约 1.5 米，生活在中生代的侏罗纪中期，化石标本发现于中国的四川省自贡大山铺。前肢短小，后肢细长；头骨短高，眼眶被眼睑骨分隔成上下两个开孔；上下颌牙齿多。

　　兰氏灵龙是鸟脚亚目、棱齿龙科灵龙属的一个种。植食性，体长约 2 米，生活在中生代的侏罗纪中期，化石标本发现于中国的四川省自贡大山铺。

　　兰氏灵龙是一种小型的原始鸟脚类恐龙，其主要特点是头短高，眼睛大，颈子短，尾巴特别长，前肢短小，后肢长而粗壮，体态纤细灵巧，善于两足快速奔跑。

华　阳　龙

　　华阳龙是出自中国的最早的剑龙。

　　与蜥脚类恐龙的情况相似，剑龙类很可能在侏罗纪早期就已经出现了。但

是科学家对早期剑龙类的认识，实际上是从我国四川自贡大山铺出土的华阳龙开始的。

华阳龙身长近4米，体重1~4吨。与生活在同时代、同地区的蜀龙、酋龙和娥眉龙相比，华阳龙太矮、太小了。因此，当那些大家伙仰起脖子大嚼高树上的叶子时，华阳龙只能啃食地面附近的低矮植物。

华阳龙较为矮小的身体似乎也更容易使它们成为气龙等食肉恐龙的捕食目标。但是，作为最早的剑龙，华阳龙已经发展了一套独特的防御武器，那就是它肩膀上、腰部以及尾巴尖上长出的长刺。

当饥饿的气龙攻击华阳龙时，华阳龙会把身体转到某个适当的位置，以使它身上的长刺指向进攻者；同时，用带有长刺的尾巴猛烈抽打敌人。

这些武器以及这样的防御方式虽然没有强大到能够杀死大的捕食者的地步，但是通常却足以产生威慑效果，使得那些捕食者为了避免受伤而停止对华阳龙的追捕，转而去寻找更容易捕获的猎物。

在侏罗纪中期，河边通常长满了绿色地毯般茂密的矮小蕨类植物，这样的地方一般没有高大的树木。当华阳龙用它们那适于啃食和研磨的小牙齿在这样开阔的"草地"上进食的时候，它们的幼仔往往成为气龙等捕食者觊觎的对象。

不过，只要小华阳龙紧跟在它们的父母身边，那些捕食者还是不敢轻易地发动进攻。显然，父母保护幼仔的亲子行为对于华阳龙来说是必不可少的。

在华阳龙的背部，从脖子到尾巴中部还排列着左右对称的两排心形的剑板。而后来出现的许多剑龙则在身体背部的每一侧都有两排剑板。

此外，华阳龙的前后腿差不多一样长，而后期的剑龙类前腿显著地比后腿短。这些特点表明了华阳龙确实是一种原始的剑龙。

腿 龙

腿龙又称肢龙、棱背龙，在希腊文意为"腿蜥蜴"。腿龙是种四足、有较轻骨板、草食性的恐龙，身长 4 米。它们生存于早侏罗纪锡内穆阶到赫特唐阶，在 2 亿 800 万年前到 1 亿 9400 万年前。

腿龙的化石发现于英格兰与美国亚利桑那州。腿龙被称为最早的完整恐龙。腿龙与其近亲已在三个大陆上发现。

完全成长的腿龙，与其他恐龙相比，部分相当小。有些科学家估计腿龙身长 4 米。腿龙是四足恐龙，后肢较前肢长，后肢下半部的骨头较粗短。它们可能以后肢支撑身体，以吃树上的树叶；但腿龙的前脚掌与后脚掌一样大，显示它们有几乎四足的姿势。腿龙有四个脚趾，最内侧的趾骨是最小的。

不像晚期的甲龙下目恐龙，腿龙的头颅骨低矮、呈三角形，长度比宽度长，类似原始鸟臀目恐龙。腿龙的头部小，而颈部比大部分装甲恐龙的颈部长。

如同其他装甲亚目恐龙，腿龙是草食性，并拥有非常小、叶状颊齿，适合咀嚼植物。一般认为它们进食时，是以单纯的下颚上下移动，让牙齿与牙齿间产生刺穿—压碎的动作。不像晚期的甲龙类，腿龙头颅有五对洞孔，这特征可见于原始鸟臀目恐龙，而牙齿较晚期的装甲恐龙更像叶状。

腿龙最独有的特征是它们的装甲，由嵌在皮肤里的骨质鳞甲构成。这些皮

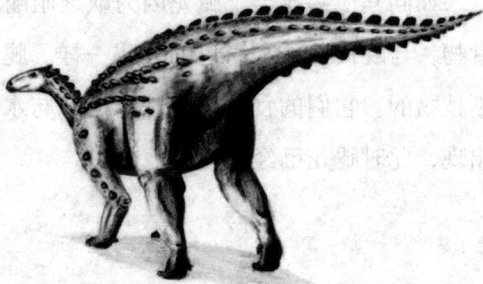

内成骨（Osteoderms）以平行方式沿着身体排列。皮内成骨也存在于鳄鱼、犰狳以及某些蜥蜴的皮肤里。这些皮内成骨有两种形状。大部分是小、平坦的骨板，但也有较厚的鳞甲。这些鳞甲沿着颈部、背部、臀部以垂直、规则的方式排列，而四肢与尾巴上有较小的鳞甲排列着。

腿龙侧面的鳞甲呈圆锥状，而非小盾龙的刀锋状皮内成骨，这种特征可用来辨认腿龙。腿龙头后方拥有一对三尖状的鳞甲。与较晚期的甲龙下目恐龙相比，腿龙有较轻的装甲。

目前已发现腿龙的化石化皮肤痕迹。腿龙的骨质鳞甲之间有圆形鳞甲，类似希拉毒蜥。在大型鳞甲之间，有非常小（5~10毫米）的平坦粒块分布于皮肤间。

在较晚期的甲龙下目恐龙里，这些小型鳞甲可能发展得较大，并固定至多个皮内成骨形成的骨板，如甲龙。这个时期的兽脚亚目恐龙并未发展出强壮的肌肉与锐利的牙齿，因此腿龙的鳞甲可提供足够的防御。

腿龙以及它的侏罗纪近亲是草食性恐龙。然而，其他鸟臀目恐龙拥有可磨碎植物的牙齿，腿龙有较小、较不复杂的牙齿与颚部，只能有单纯的上下的颚部动作。在这方面，腿龙类似剑龙科，剑龙科恐龙也有原始的牙齿与简单颚部。

如同其他剑龙类，腿龙因为缺乏咀嚼能力，它们可能吞食胃石以协助磨碎食物，与现代鸟类和鳄鱼的方式一样。腿龙的上颚前段有小牙齿，应是用来咬断植物的。它们的食性可能是以树叶与水果为主，而禾本科植物直到白垩纪才出现，此时腿龙已经灭亡。

大 地 龙

　　我们把华阳龙介绍为最早的剑龙，是因为它的化石材料比较完全，可以被准确无误地肯定为剑龙。

　　实际上，在侏罗纪早期，已经有一些化石材料表明了剑龙类的存在，只不过这些化石太残破或是太零散，因此科学家在对它们的认识中推测的成分很大。

　　发现于我国禄丰县大地村侏罗纪早期地层中的大地龙就是这样。科学家仅仅找到了一块不太完整的左下颌，在下颌骨前面有一块鸟臀类恐龙所特有的前齿骨，不过上面并没有牙齿。其他部位上的牙齿也较少，而且有点重叠，由前向后逐渐增大。这些牙齿生长在齿槽里，因此被叫作槽齿形。

　　正是由于它的牙齿和前齿骨的特征与后来的剑龙类相似，科学家才推测它是迄今所知的最原始的剑龙。

大 椎 龙

大椎龙是最早在陆地上出现的以植物为食的恐龙之一。全长 4~5 米。

它的头很小，脖子和尾巴却很长。依靠两条后腿直立起来时，它能吃到大树顶上的嫩芽和树叶。大椎龙的牙齿很小，可以咬碎树叶，但咀嚼功能却不强。当这种恐龙的化石被初步发现的时候，在它的肋骨笼内找到了一些小卵石。

科学家们估计这是大椎龙吞下帮助它们在胃中消化食物的。卵石可以将树叶捣碎成浓厚、黏稠的汁液，以便恐龙能够吸收对身体有用的营养。大椎龙的拇指特别大，上面长有长而弯曲的爪，主要是为了防御。在二指、三指的配合下，大拇指还具有抓握功能。另外两个指则又小又弱。

大椎龙有一个罕见的突起上颌，这可能表示在下颌骨末端的嘴喙部位是皮质的，但这种说法又与大椎龙的下颌前端存在牙齿的说法有冲突。

而大椎龙的下颌像板龙一样有一个鸟喙骨隆突，这个鸟喙骨隆突与板龙的相比要浅平一些，但也能够控制附着在下颌的肌肉。大椎龙的颌部关节在上排牙齿的后方，它的牙齿很小，可以咬碎树叶，但咀嚼功能却不强。

此外，大椎龙上下颌都长着血管孔可以让血管通过，这表明它长有脸颊。

一直以来，人们都认为大椎龙是草食性恐龙，但有的古生物学家根据出土的大椎龙化石骨架特征提出，大椎龙和其他类似的原蜥脚类恐龙属于肉食性恐龙。这是因为大椎龙具有高而坚固的前排牙齿，且它的牙冠有锯齿边缘。

还有古生物学家认为大椎龙应是杂食性恐龙，它用前面的牙齿撕咬肉类，而用后方的牙齿咀嚼植物。

近蜥龙

近蜥龙是一种极为敏捷、小型、二足奔跑的原蜥脚类恐龙。1973 年，贵州省 108 地质小队，自贵州北部大方盆地中挖掘到一具中国近蜥龙（兀龙）的不完整骨架。但是具有近乎完全的头骨部分。经过研究估算，这种恐龙大约 1.7 米长。

外 形

近蜥龙长着一个近似于三角形的脑袋，一个细长的鼻腔。近蜥龙的脖子、身体和尾巴都显得比较长，它那又长又窄的前肢掌上长着带有大爪子能弯曲的大拇指，其上的爪子很可能是用来挖掘植物的地下根茎的。

近蜥龙的前肢长度只有后肢长度的 1/3，所以它很可能像板龙一样，平时大部分时间里用四足行走，但是能够靠后肢站立以便够得着食物。

头 部

近蜥龙的头部跟它的颈部、背部以及尾巴的长度比起来，显得非常小。它的头部狭长，而且头顶要比板龙等恐龙的头顶扁平得多。近蜥龙的前额部分的

斜面也相对较为平缓。它的上下颌长满了牙齿，这些牙齿像钻石一样，这也暗示着近蜥龙是草食性恐龙。

目前，关于近蜥龙是否存在脸颊还有争议：有的古生物学家认为近蜥龙不存在脸颊，这样有利于它摄取和大口吞食食物；而认为近蜥龙存在脸颊的主要证据来源于解剖学，脸颊的存在方便近蜥龙留住食物进行咀嚼。

生活形态

在侏罗纪早期，近蜥龙生活的地区气候温暖，它在湖边活动并寻找食物。在气候较干燥时，湖的边缘会露出淤泥，近蜥龙从上面经过时就会留下足迹，这些足迹被泥沙迅速掩埋之后就可能形成足迹化石。

古生物学家通过研究足迹化石可以得知，当时与近蜥龙生活在同一个区域的有不具备攻击性的鸟脚类恐龙和肉食性的兽脚类恐龙。

真正对它构成威胁的便是那些大型的兽脚类恐龙。近蜥龙一旦遇到它们，它可能就会依靠后肢急忙走开，如果实在躲闪不开，它就只能依靠它的大爪奋力一搏了。

行走姿态

近蜥龙前端的沉重身体使得它在行走时不得不往前倾。从它的颈部、身躯以及发育良好的前肢可以看出，这种恐龙通常都是以四肢行走，短而强健的前肢会支撑着胸部、颈部和头部，而且它在四足行走时，会把前肢拇指的爪提起，以免与地面摩擦受损。

有时，近蜥龙也会以两足行走。近蜥龙在吃东西时，会把身体直立起来，结构坚实的骨盆将身体前端的重量转移到后肢和尾巴部分，以三角架的形式支撑身体。

鲸 龙

鲸龙是发现得最早的恐龙之一，生存在侏罗纪中晚期。

1841 年，人们以零星发现的牙齿和骨头命名。1870 年，一具不完整的骨骼在英国牛津附近被发现。1979 年在摩洛哥发现的一根鲸龙的股骨竟有 2 米长，相当于一个高个子男人的高度。鲸龙的背骨是空心的。而后来的蜥脚类恐龙的背骨有了空腔——用来减轻重量。

外 形

鲸龙庞大的身躯靠柱状的四肢支撑着，其前后肢长短差不多，大腿骨约有 2 米长，背部基本保持水平状态。鲸龙的牙齿可能像耙子一样，可以扯下植物的叶子。生物学家目前还未发现完整的鲸龙头骨化石。根据其牙齿化石推测，鲸龙的头部较小。

脊　骨

鲸龙的脊骨几乎是实心的，与后期的腕龙等蜥蜴类恐龙相比显得结实厚重。而且鲸龙的脊骨在中枢椎体中还存在一些没有用处的部分，其神经脊和椎关节也不如腕龙的那样长和强健。但是其脊骨上有许多海绵状的洞孔，有点类似现代的鲸鱼。

生活形态

鲸龙生活在中生代海滨低地，当时这片海域主要分布在现代的英国。鲸龙的颈部并不灵活，可以在 3 米的弧线范围内左右摇摆。所以鲸龙只可以低头喝水或是啃食蕨类叶片和小型的多叶树木。

鲸龙的亲戚——似鲸龙

似鲸龙是 1972 年由一位名叫许纳的美国古生物学家命名的，意思是"像鲸龙的恐龙"，它确实与鲸龙非常相似。这种恐龙生活在侏罗纪晚期的英国南部和瑞士，和鲸龙同属于蜥脚类恐龙，体长约 15 米。

细 颚 龙

细颚龙，又名美颌龙。细颚龙具有敏锐的目光，捕猎能力很强。靠着强健"苗条"的后腿，它可以跑得很快，并且能够突然加速去捕捉跑得最快的小动物。

细颚龙比大多数恐龙都长得秀气。它有修长而灵活的脖子，上面长有一个轻巧的头骨，头骨中有许多空洞。就连它的 68 枚牙齿都非常的小巧玲珑。然而这些牙齿却非常尖锐，边缘弯曲，对于比它小的动物来说是致命的武器。

细颚龙只有两个可以弯曲的手指，所以想象不出它是怎么抓握东西的。它的第三个手指只有一个指节，不可能很灵活，也不会有什么大用途。在一只美颌龙化石的肋笼内，曾发现过一只很小的爬行动物——布拉瓦利蜥蜴的遗骸。很可能这条小蜥蜴是这只美颌龙的最后一顿美餐。

我们已经知道恐龙并不都是些大个子。如果给一只没有羽毛的秃鸡加一条长尾巴，再在它的口中添上牙齿，把翅膀的前端改成细小的指爪，就变成美颌龙的模样了。因为它的身体结构太像鸟，最初发现始祖鸟骨骼化石时，人们还以为是细颚龙呢！

细颚龙尾长超过身体的 1/2，体形纤细，窄颌细颈。喜欢吃些细小的动物，

如蜥蜴和昆虫之类。

其特征是肢骨中长，身体轻巧，后肢细长，口内长满尖利的牙齿，身后拖着一条细长的尾巴。美颌龙是小鸟龙的近亲，身体更小，长到成年时只有 70 厘米长，除去长长的尾巴，身体不过母鸡般大小，不会对任何别的恐龙构成威胁，但由它们来对付更小的哺乳动物、小蜥蜴和昆虫却是绰绰有余的。

它还有一种穷追不舍的精神——当猎物逃往树上避难时，它也会跟踪而至爬上树。它是很有名气的，主要在于这种恐龙的体型比鸡还小，有可能是所有恐龙中最小的一群。

然而，有一种幼体的恐龙骨骼称为鼠龙，体型比老鼠还小，最近才被发掘到。

细颚龙是一种快速像鸟一样的掠食者。有些科学家认为它有可能是温血型、体覆羽毛。

现今所知的恐龙类型中，最小的要算是细颚龙类，像鸡大小的恐龙。有些种类体长仅约 1.4 米；有些则仅仅 70 厘米！虽然它比鸡体型稍大，但包括长尾巴在内有些恐龙或许比细颚龙还小，但那仅是从零星的化石中所得，如跃足龙，像猫一样大小，有锐爪的肉食性动物。

较细颚龙与跃足龙要小的，是一些恐龙的幼体：鹦鹉嘴龙的幼体体长仅仅 25 厘米，而最近刚孵出的原蜥脚类仅仅 20 厘米长，不比知更鸟大多少。

异 特 龙

异特龙（属名：Allosaurus）又称跃龙或异龙，是兽脚亚目肉食龙下目恐龙的一属。异特龙是种大型的二足、掠食性恐龙，平均身长为 8.5 米，最长可达 12～13 米。它们生存于侏罗纪晚期，于 1 亿 5500 万年前到 1 亿 4500 万年前。

异特龙具有大型的头颅骨，上有大型洞孔，可减轻重量，眼睛上方拥有角冠。它们的头骨是由几个分开的骨头组成的，骨头之间有可活动的关节，进食时颌部可先下上张开，然后再左右撑开吞下食物；它们的下颚也可以前后滑动。颚部拥有数十颗大型、锐利、弯曲的牙齿。

与它大型、强壮的后肢相比较，它们的前肢小，手部有三指，指爪大而弯曲，长度为 25 厘米。尾巴长而重，可平衡身体与头部。异特龙的骨架和其他兽脚亚目恐龙一般，呈现出类似鸟类的轻巧的特征。

异特龙是该时期北美洲莫里逊组最常见的大型掠食者，并位在食物链的顶层。它们可能以其他大型草食性恐龙为食，如鸟脚下目、剑龙科、蜥脚下目恐龙。异特龙经常被认为采用群体合作方式攻击蜥脚类恐龙，但有证据显示异特龙具有共同攻击的社会行为。它们可能采取伏击方式攻击大型猎物，使用上颚来撞击猎物。

第一个可明确归类于异特龙的化石，是在 1877 年由奥塞内尔·查利斯·马什发现的。异特龙具有复杂的分类历史，过去曾有许多种最初被归类于异特龙，但现在被分类于个别的属。最著名的种是模式种脆弱异特龙（A. fragilis）。

异特龙在 20 世纪中长期被命名为腔躯龙，直到在克利夫兰劳埃德采石场发现大量的化石后，异特龙才成为常用的名称，并成为最广受研究的恐龙之一。

异特龙的化石主要来自于北美洲的莫里逊组，另外在葡萄牙、坦桑尼亚也发现了可能的化石。异特龙的化石是美国犹他州的州化石。由于异特龙是最早被发现的兽脚亚目恐龙之一，所以长期以来吸引了一些大众的注意，并出现在数个电影与电视节目中。

在1877年，奥塞内尔·查利斯·马什最初为异特龙命名时，他认为这种恐龙的脊椎构造独特，和当时已知的其他恐龙有异，所以取名为异特龙，allos/αλλο 在古希腊文里意为"奇特的"或"不同的"，而 saurus/σαυρο 意为"蜥蜴"。因此异特龙意为"奇特的蜥蜴"。

但是，在翻译异特龙的译名时出现了一些误会，有人认为该词源是拉丁文中"跳跃"的意思（出处不明），所以误把它译为跃龙。但异特龙的学名应意为"奇特的蜥蜴"，与"跳跃的蜥蜴"没有关系，所以还是应该称之为异特龙。

异特龙与人类的体型相比，由大到小分别是：Epanterias、AMNH680、脆弱异特龙、"大艾尔"。

异特龙是种典型的大型兽脚类恐龙，拥有大型头颅骨、粗壮的颈部、长尾巴以及缩短的前肢。脆弱异特龙是最著名的种，平均身长为8.5米，而最大型的异特龙标本（编号 AMNH 680）的身长估计为9.7米，体重为23吨。

在1976年，詹姆斯·麦迪逊的异特龙专题论文中，他提出异特龙的身长最大值为12～13米。如同其他的恐龙，异特龙的体重估计值也有争议，自从20世纪80年代以来，成年异特龙的体重估计值，已有1500千克、1000～4000千克以及1010千克等不同的数据。

在近年，莫里逊组专家约翰·福斯特提出，大型的成年脆弱异特龙的体重为1000千克，但根据他所测量、参考的股骨，合理的估计值应约700千克。

目前有数个巨型标本被归类于异特龙属，但可能事实上属于其他恐龙。异特龙的近亲食蜥王龙（编号 OMNH 1708）身长可能有10.9米，曾被归类于异特龙的一种，巨异特龙，最近的研究多认为它们是个别的属。另一个可能属于异特龙的标本（编号 AMNH 5768），曾长期被归类于 Epanterias，身长为12.1米。

近年在新墨西哥州莫里逊组的彼得森采石场，发现一个大型的异特龙科部分骨骼，可能是食蜥王龙的第二个标本。

盐 都 龙

盐都龙是鸟脚亚目，棱齿龙科的一个属。杂食性，生活在中生代的侏罗纪早期。化石发现于中国四川。

盐都龙是一类个体小型的比较原始的鸟脚类恐龙，体长 1~3 米，因标本首先发现于我国的"千年盐都"——四川省自贡市而得名。

它的头小，但短而高；嘴巴也短；牙齿齿冠边缘有锯齿；眼睛大而圆。前肢长度不及后肢的1/2，是典型的两足行走动物；后肢肌肉发达，小腿特别长。

研究动物运动的专家发现，动物的小腿骨（胫骨）与大腿骨（股骨）的长度比值可以反映该种动物的运动速度。如善于负重，行走不快的大象，其比值为 0.60；比赛用的骏马奔跑速度很快，其比值达到0.92；今天动物界的快跑能手——羚羊，比值是 1.25。

这项研究成果说明，动物的胫、股比值大，即胫骨较长，其运动速度就较快。把这个理论用于研究盐都龙，发现盐都龙的胫、股比值达到 1.18，所以认为盐都龙是一类极善奔跑的恐龙，其奔跑速度甚至超过了今天的鸵鸟，堪称恐龙家族中的"羚羊"。

　　盐都龙主要分多齿盐都龙和鸿鹤盐都龙两种。

　　多齿盐都龙是一类奔跑灵活、两足行走的小型鸟脚类恐龙，体长1.2~1.4米。其头小，吻短，眼眶大而圆，与相近种相比，上下颌牙齿较多，前肢短小，后肢细长，生活在灌木丛中，是一类善于快跑的杂食性恐龙。

　　鸿鹤盐都龙是鸟脚类恐龙。体长近3.5米，头小，嘴短，眼睛大而圆，前肢短小，仅为后肢的一半，属于两脚行走和善于快跑的小型恐龙。常群居生活于湖岸平原，以食植物为主，兼食其他小动物。

霸王根基——
恐龙称霸的奥秘

恐龙之所以能够在地球上长期称霸，与其庞大的体型、繁衍的方式、统治模式具有直接关联，恐龙的霸主之位并非运气使然，而是由其自身的特定条件决定的。

恐龙为什么会成为霸主

在漫长的中生代，地球的陆、海、空都在形形色色的爬行动物的控制之下。恐龙是爬行动物中的佼佼者，它们在种类上、数量上都占绝对优势，是中生代爬行动物的霸主。

为什么恐龙能称霸中生代？

科学家认为有两个原因：一是有利的自然环境；二是恐龙所具有的进化潜力和竞争能力。

据研究，中生代那个时候，地球的气候温暖湿润，一年中季节变化小，气候分带不明显，赤道不那么热，极地不那么冷，两极不结冰。

当时的地壳运动处于相对宁静时期。内陆地势较平坦，不少地区河流众多，湖泊星罗棋布，到处是郁郁葱葱的草原林木。这样的自然环境，无疑是恐龙的极乐世界。

它们自由自在地生活，不必担心环境的恶化会给它们带来灾难。因为它们对环境的适应能力很差，太热了、太冷了都会要它们的命。可大自然成全了它们，让它们过了很长时间的好日子。

中生代的早期，恐龙还是一个很年轻的类群，它们朝气蓬勃，有很强大的进化潜力。当时地球上，它们还没有什么竞争对手，两栖类的生物不必说，昆虫更不在话下，哺乳动物和鸟类尚未出世。

当然，生存竞争是有的，而且非常激烈，在竞争中有些恐龙的亲戚被消灭了，有的被逼下了海，有的被逼上了天。而恐龙则占领陆地上最好的生态环境，它们迅速发展，盛极一时，成为生命发展史上的一大奇迹。

恐龙活跃的中生代

这些地图揭示了中生代海洋和陆地所在的位置，它们涵盖从三叠纪到白垩纪晚期各个时期的世界地图。在这个过程中，各大陆不断改变位置直至趋近于今天的大陆分布。

超级大陆

刚进入三叠纪的时候，大多数大陆是连成一片的，就像一块辽阔无比的超级大陆，被称为"泛古陆"。泛古陆的周围是一望无际的泛古洋，它覆盖了地球 2/3 的表面。那时只有中国和东南亚的一部分与泛古陆相分离。

大陆的分裂

在三叠纪晚期，组成泛古陆的大多数大陆依旧连成一片。但是，非洲、北美洲和欧洲的某些部分开始相互漂离。北非和北美洲东海岸之间的裂隙成了北大西洋的雏形。

大陆的离析

进入侏罗纪时期，泛古陆一分为二，形成了北面的劳亚古陆和南面的冈瓦纳古陆。海平面上升，浅海淹没了部分大陆。北大西洋继续扩大，而北美洲和

非洲则继续漂离。

上升的海洋

在白垩纪晚期，海平面要比今天的高很多。一个内海把北美洲分成东、西两部分，而大部分的欧洲已被海水淹没。北非也被一个巨大的内海分割。多数主要大陆都被海洋隔离开来。

分散的大陆

在白垩纪早期，浅海继续把原本相连的大陆分成相互隔离的岛屿。南极洲和澳洲变得更加远离非洲和南美洲，而大西洋持续扩大。

恐龙凶猛之最

一般人都认为恐龙是个很笨重的动物，身躯高大，智力低下。那么恐龙的智力究竟如何？中科院古脊椎动物和古人类研究所从事恐龙及中生代地层研究的青年学者徐星认为，恐龙内部的分化也很大。有的恐龙很聪明，一般说来，与鸟类关系密切的恐龙，智力比较高，比如属于驰龙科的棘背龙、迅猛龙。

在中国，也发现了这一科的恐龙——中国鸟龙、小盗龙。它们有很敏锐的视力和相对比较大的大脑，有较高的智商。当然与人的智力比起来，恐龙算是比较弱智的。

棘背龙是一种外貌最不寻常的外貌怪诞食肉恐龙，全长 12 米，臀部高约 2.7 米，重约 4 吨。这么个庞然大物，竟在背上扯起一张大大的帆，有些可高达 1.8 米，从头部后方一直延伸到尾巴前缘部分。

这张帆有一连串长长的脊柱支撑，每根脊柱都是从脊背上直挺挺地长出来，使得这张帆完全不能收拢或折叠。可以想象，这会给它的行动带来诸多不便。那么，棘背龙为什么会进化出这种看起来碍事的赘物呢？作用可能有两个：用来作为打斗之用，是性别的标志，可在异性面前炫耀；或作为某种散热装置，用来调节体温，在早晨时面向太阳方向来让血液暖和加温，这对它是极有利的，因为如果它和其他动物都是冷血型，那么在它的猎物仍在冰冷迟缓状态时，它自己的肌肉已经暖和得蓄势待发了。

而在白天很热的时候，它可能躲在树荫下或者直接面对太阳好让微风帮身体散热。

棘背龙是非洲特有的恐龙，长着个大脑袋，有着一口锋利的牙齿，前臂比后腿要小一些。大部分时间棘背龙用两条腿走路，它能用四条腿行走；跑步时，它只用两条腿。棘背龙有个大脑袋，是聪明的恐龙。

虽然不如暴龙有名气，但是从其体格和满口利牙来看，肯定也是一种和暴龙一样可怕的肉食动物，棘背龙生活在白垩纪晚期，唯一一具棘背龙的骨架是在埃及发掘到的，不幸的是，它在二次大战中被炸毁了。

那么迅猛龙又是怎样的呢？

迅猛龙化石是在外蒙古发现的，这种恐龙出现在白垩纪。它可能与现代的鸟类有着密切的关系，个体要比棘背龙要小一些，但是从发育演化来讲，它更加重要。它是一种中小型的恐龙，2 米左右，有很大的大脑，尾巴很僵硬，像棍一样，很直。长有很坚硬的牙齿，有很强的奔跑能力，行动很灵敏。

以前，复原的迅猛龙长得和其他爬行动物一样，有着鳞状的皮肤。在1996年以后，中国发现很多"长羽毛的恐龙"，如中华鸟龙、北票龙等。

可以确信的是：有一部分与鸟类关系近的恐龙，身上长着原始羽毛或者真正的羽毛。原始羽毛像哺乳动物的头发丝似的，一根一根的。而真正的羽毛则长有羽轴，有分叉。从理论上讲，迅猛龙身上长着羽毛，且很像现代鸟类的羽毛，区别不大。

复原后的迅猛龙的真正面貌包括身上披着鲜艳的羽毛、长有僵硬的尾巴、牙齿尖锐、捕食蜥蜴和小型的动物等。甚至暴龙也可能长着羽毛，如兽脚类中的驰龙科。

这个大类群中的恐龙一部分长着鳞状皮肤，而另一部分长着羽毛。同大象的幼体有毛发而到成年就没有了的道理一样，暴龙的幼体可能长有毛发，而到成年就脱落了。

20世纪90年代以后，中国科学家发现了带羽毛的恐龙化石，为鸟类起源于恐龙提供了最新证据。可以说，恐龙是爬行动物和鸟类之间的进化种类的过渡。

100多年前，达尔文的朋友赫胥黎就提出鸟类与恐龙非常相似，但没有证据。当时很多人提出了反对意见，认为这些相似性是趋同进化的结果。后来，丹麦的古生物学家海尔曼认为鸟类与恐龙当中的兽脚类恐龙有一定关系。

但是，鸟类有锁骨，愈合在一起形成叉骨，可恐龙没有。因而他认为鸟类不是从恐龙转化而来，而是从一类具有锁骨的爬行动物转化而来的。

20世纪70年代，美国的古生物学家奥斯特罗姆研究了始祖鸟和一种叫恐爪龙的驰龙类恐龙，得出的结论是：鸟类就是直接从小型兽脚类恐龙演化而来的。这种观点得到了越来越多的古生物家的支持。

但是，最直接的证据是需要找到长羽毛的恐龙化石。20世纪90年代中期，我们国家在辽西地区找到了一系列长羽毛的恐龙化石，为其提供了直接和鲜明的证据。当然，它们并没有现代鸟的特征。

它们的尾巴用来保温或者吸引异性，而飞行的功能是衍生于其他功能之中的。恐龙从纲目上可以分为鸟臀目和蜥臀目。蜥臀目恐龙有两种：吃草和食肉。兽脚类恐龙属于食肉类。它们个体小，奔跑快速。为了逃避或者猎取食物等，它们还开始爬树，慢慢地，肢体就向飞行方向转化。

在转化过程中，有一些恐龙就具有了飞行的能力。在大约 1.5 亿年前，恐龙的一支变成了鸟，它们具有现在鸟类的某些特征，如脚趾的弯曲尖锐，为爬树提供了帮助，小盗龙就是一个很好的例子。

还有一个证据就是它僵直的尾巴，以前人们认为它是用于平衡和快速奔跑的，而现在推测它是用来爬树和支撑自己身躯的。

鸟起源于恐龙这个观点已经被大多数学者所认同，而飞行的起源则又是一个争议的问题。有人认为，飞行的起源有两种观点：树栖和地栖。树栖就是恐龙在爬树时慢慢发展为飞翔。

地栖就是恐龙从奔跑过程中跳跃而腾飞。有学者认为树栖的观点比较科学，最起码，树栖有一定的优势和起飞的动力。而无论如何，从地上直接腾飞毕竟有一定困难。然而，尽管大多数学者认同了鸟类起源于恐龙，但仍有一些学者坚决反对鸟类起源于恐龙的学说。

他们认为尾羽龙不是恐龙，本身就是鸟。如鸵鸟本来也能飞，后来由于一些原因慢慢不会飞了，这只不过是一些功能发生了变化。为此，有些学者坚持地栖的理论。

恐龙灭绝问题一直是恐龙研究的热点。长期以来，在大多数人印象中，500万年前左右的小行星撞击地球引发了气候剧变，使恐龙因食物匮乏而遭灭顶之灾。

1991 年在墨西哥的尤卡坦发现的一个发生在久远年代的陨星撞击坑，进一步证实了这种观念。但实际上，迄今为止，科学家们提出的对于恐龙灭绝原因的假想已不下十几种，比较富于刺激性和戏剧性的陨星说不

定是其中之一。

科学家从新出土的恐龙蛋里，发现了不少铱。这与小行星撞地球时携带的铱有关。小行星撞地球时，这种物质也留在了地球上。很可能因为恐龙吃了含有这种物质的东西，从而蛋里也含有铱。

所以，恐龙灭绝严格上说是不科学的。

鸟类由恐龙演化而来，是恐龙的一支，有些恐龙和鸟类已经不能严格分开了。恐龙的科学定义是把鸟包括在内的。也就是说，鸟就是恐龙。

鸟的存在，就是恐龙的存在。鸟是恐龙中的一员，正如人是哺乳动物中的一员一样，虽然别的恐龙已不存在了。目前的假说还不能准确地把恐龙灭绝的原因说清楚。

我国科学家认为在目前的条件下，恐龙是不可能复活的，就算有恐龙的血液也不能把恐龙复活。况且恐龙的血液能否保存到现在，也很难说。

就目前保留的恐龙的 DNA 来说，恐龙的复活是不可能的。

恐龙的个头是怎么长出来的

著名的霸王龙，从头到尾长达 15 米，站起来有 6 米高，差一点有两层普通楼房那么高了。真是一个可怕的庞然大物！

其实在恐龙家族中，霸王龙只能算是中等身材。真正的庞然大物是蜥脚类恐龙，它们包括马门溪龙、雷龙、梁龙、腕龙等，体长 20～30 米的很平常，抬头达 5～6 层楼的高度也不足为奇。

尽管恐龙中也有不少是比较矮小的，但平均而言，它们比古今任何种类的陆生动物都要大很多。

究竟最大的恐龙有多大，现在还不清楚。

另外，科学家也一直弄不明白，为什么有些恐龙长得那么大？对它们的生存到底有什么好处呢？

有人认为，爬行动物与哺乳动物的生长方式不一样，哺乳动物快速长到成年阶段后，接着便衰老、死亡。它们的寿命比较短暂，个头一般都不大（这里说的是陆地上的哺乳动物）。

但大型的爬行动物却具有无限的生长力，只要它们不死，一辈子都在慢慢长个子。大型的蜥脚类恐龙能活 200 多年，200 年不停地生长，个头自然会长得非常大。

又有人提出，中生代不仅许多恐龙躯体很大，海洋里的菊石（一种头足动物）也很大，有的大如车轮子；侏罗纪有一种蝗虫，体长可达 1 米以上；有一种翼龙，翼展开达 15 米，像一架飞机那样大。这是什么原因呢？

有人推测，当时地球空气密度比较大；也有人推测，当时地心引力比较小；还有人说可能与宇宙因素有关。当然，这些原因都可使动物长得很大。那么，体大在生存上是否有好处呢？

科学家各有各的看法。有的说在中生代这种特定环境中，体大对生存竞争是有利的。如蜥脚类恐龙的庞大身躯对本身就是一种防御。吃植物的雷龙比吃肉的跃龙体重大 13 倍；吃植物的四川峨眉龙比吃肉的建设气龙体重大 20 倍。面对这么大的捕猎对象，食肉龙如果单枪匹马地干，肯定会落得"偷鸡不着蚀把米"的下场，更何况，蜥脚类恐龙还具有一定的自卫能力。

据观察，一头凶猛的非洲狮只能捕捉比自己体重大 2～3 倍的斑马，并不是多大的动物都能对付。由此可见，体大确实有一定防御功能。

庞大的身躯对占领生活环境、争夺食物称霸地球，不能说没有好处，要不，有些恐龙就不会竞相往大里长了。特别是植食龙和肉食龙

之间，前者为了自卫越长越大；后者为了捕食前者也不甘落后地增大自己的身躯。

然而，大有大的难处。有不少学者认为，体大并无好处可言。体大的动物肚皮大，吃得多，像蜥脚类恐龙，偌大的身体，而脑袋却很小，吃食问题不好解决，如果环境一有变化，首先被淘汰的就是巨大的动物。

恐龙为什么长那么大？目前还没有一个令人信服的说法。然而恐龙在整个中生代取得了令人瞩目的成功，可在中生代末它们却又令人不解地悄然消失。它们的成功与失败都与身躯庞大有些关系。

恐龙的智商会有多高

人们熟悉的恐龙，如马门溪龙、雷龙、梁龙、剑龙、甲龙等，身躯大，脑袋小，一眼望去，给人以傻乎乎的感觉。

有学者用计算恐龙"脑量商"的办法来测量恐龙的智力水平。"脑量商"是根据恐龙的体重、脑量及现生爬行动物的脑量大小按一定公式算出来的。被测的恐龙脑量商越小，它就越蠢笨；脑量商越大，它就越聪明。

经测量，马门溪龙等蜥脚类恐龙的脑量商最低，只有 0.2 ~ 0.35。难怪这类恐龙看起来带有一副傻相！它们是一类行动迟缓、笨手笨脚、灵活性相当差的素食恐龙。敌人来了，它们或躲进深水之中逃命，或依仗着自己个子大，别人奈何不得自己。

甲龙和剑龙的脑量商为 0.52 ~ 0.56，它们虽说不上有多聪明，但却不像蜥脚类恐龙那样蠢笨低能。食肉龙来犯时，它们能甩动长有骨刺或尾锤的尾巴给敌人一点颜色看看。

角龙的脑量商为 0.7～0.9，在素食龙中可算较有心计的一员，大敌当前，它们敢于针锋相对，发起冲锋，拼死一搏，而且行动神速。

在素食龙中，最有智慧的当属鸭嘴龙。它的脑量商为 0.85～1.50。鸭嘴龙虽没有什么能打击敌人的武器，但嗅觉灵，视力强，非常机警，能及时发现敌情并迅速躲避。鸭嘴龙靠自己的这点"小聪明"，与其不共戴天的敌人——霸王龙周旋了一代又一代。

大型食肉龙——霸王龙和它的同类，脑量商达到 1～2，显示出肉食动物天生比植食动物聪明。霸王龙靠捕猎为生，若是呆头呆脑的"低能儿"，岂不是要饿肚皮！

小型肉食龙中的恐爪龙脑量商超过 5，比霸王龙大 3～4 倍，尽管它个子比霸王龙小得多，但却比霸王龙机敏灵巧，杀起植食龙来也格外凶猛、神速。它的后裔窄爪龙的脑量商又高了一个档次。窄爪龙比恐爪龙个子还小，但在恐龙家族中却是智力超群的角色。

恐龙的智力各不相同，由脑量的大小决定。它们中有比较呆傻的，也有比较聪明的。在中生代的地球上，它们都有自己的位置，各按自己的生活方式生活，不管是呆傻的还是聪明的，日子都过得挺不错。

恐龙有两个大脑吗

说起有两个脑子的恐龙，你一定会觉得奇怪。有的恐龙还真有两个脑子，比如马门溪龙、雷龙、梁龙就是这类恐龙。

这类恐龙有个共同的特点，就是身躯特别大，而脑袋却特别小。以马门溪龙为例，估计它活着的时候有四五十吨重，而脑子的重量仅有 500 克左右。

这么小的一个脑子，却能指挥一个大得惊人的身体，这实在叫人无法相信。

有人解剖了马门溪龙的脑壳和脊椎骨，终于发现了这个爬行大汉的秘密。原来，在它的臀部脊椎上，有一个叫神经球的东西（脊椎的膨大部分），正是这个神经球在默默地协助那个不像样的小脑子进行工作。

神经球要比脑子大好几倍，马门溪龙的后腿和大尾巴的运动，就按它发出的指令行事。这样，马门溪龙头上的那个小脑子也就忙得过来了，它只要把吃东西和接受信息的事管好就行了。

马门溪龙臀部的神经球实际上是它的"后脑"，它与前脑相距约十几米远。前后两脑各有各的任务，它们分工合作，互相帮助。

当然，由于两脑相距较远，信息传递的速度不可避免地要受到一些影响。因此像马门溪龙这类大爬虫，必定是反应迟钝、笨手笨脚的家伙。

马门溪龙不是唯一有两个脑子的恐龙。背上长有古怪骨板的剑龙也有两个脑子。

剑龙有大象那样大，而头却小得可怜。它的脑子只有一个核桃那么大，约 100 克重。小小的脑子无法完成指挥全身的重任，所以也在它的臀部长了一个神经球，这个神经球比真脑要大 20 倍，其作用是主管腿和尾的运动。剑龙的"后脑"比前脑大那么多，使人觉得它是一个四肢发达、头脑简单的动物。剑龙可能不大会动脑子，一副老实巴交、呆头呆脑的样子。但剑龙尾部上的骨刺以及指挥这条尾巴的那个大神经球又告诉我们，剑龙也不是等闲之辈。在遇到敌人时，它定会反射性地甩动带刺的尾巴进行殊死搏斗。

白垩纪——没落的时代

白垩纪是中生代最后一个纪,是恐龙由鼎盛走向完全灭绝的时期。白垩纪末,地球上的生物经历了又一次重大的灭绝事件:在地表居统治地位的爬行动物大量消失,恐龙完全灭绝,一半以上的植物和其他陆生动物也同时消失。

白垩纪时期的世界

在白垩纪时期，恐龙已遍布整个世界，并有很多新的种类诞生。许多至今存在的动物和植物也在那个时期首次出现，包括哺乳动物和昆虫的全新类群，同样也有各种鸟类的出现。

变化的气候

白垩纪时期气候温暖，干湿季交替。热带海洋向北延伸，直到今天的伦敦和纽约，而温度从来不会降到零度以下。然而，就在白垩纪末期，气候发生了剧烈的转变。海平面下降，气温变化，火山喷发。这些气候的变化也许是恐龙最终灭绝的原因之一。

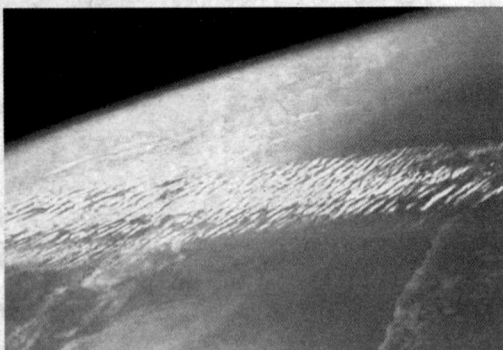

最早的花

侏罗纪和白垩纪之间最大的变化是出现了有花植物。到了白垩纪中期，它们已经遍布了整个世界，也演化出许多不同的种类。蜜蜂、黄蜂和蝴蝶等以有花植物为食的昆虫也首次在地球上出现。

迥异的恐龙

在白垩纪晚期，地球上的恐龙种类比其他任何时代都要多。蜥脚类仍是最常见的草食恐龙之一，而鸟脚类恐龙，比如鸭嘴龙，则分化出许多不同的种类。

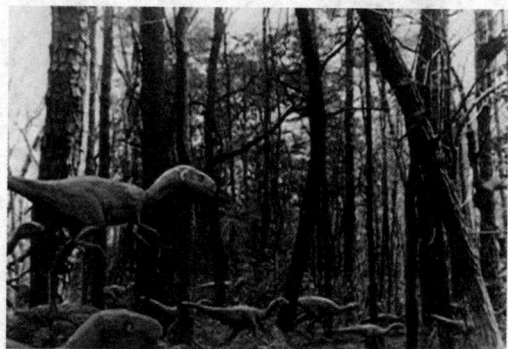

兽脚类更是多种多样，包括南方大陆的长角的阿贝力龙、北方的巨型暴龙，以及迅捷无比的驰龙等。

棱 齿 龙

到距今1亿1100万年前后的白垩纪早期，出现了一些个子不大非常善于奔跑的食素恐龙，它们是棱齿龙。

棱齿龙全长1.4~2.3米，臀高1米，两腿修长优美。喙嘴狭窄锐利，给它咬食树的枝叶带来很大方便。手臂长，手有5指，很适合抓扯食物并能捧食。

以前，有人认为棱齿龙是在树上生活的，后来才发现它们的习性很像今天的非洲瞪羚。它们可能是鸟脚类中速度最快的一群。

棱齿龙（Hypsilophodontidae）是鸟脚亚目（Ornithopoda）的一个科。

棱齿龙科是小到中等大小的鸟脚类恐龙。它们两足行走，身体结构不是非常特化，分布在亚洲、澳大利亚、欧洲和北美洲，生存年代从侏罗纪中期直到白垩纪晚期。

棱齿龙科恐龙的牙齿并不全都是均匀一致的，有 5 颗稍微弯曲的简单的前上颌齿，10 ~ 11 颗侧扁的上颌齿，其齿冠前后加宽，两边有边缘小齿；它们的下颌有 13 ~ 14 颗牙齿，前 3 ~ 4 颗牙齿比较简单，呈圆锥状，其他牙齿的齿冠内外扁，与上颌齿一样具有边缘小齿。这样的牙齿形式被叫作异齿型的齿式。

棱齿龙科上颌牙齿齿冠的颊面釉质化很强烈，有小的竖直棱；大多数下颌牙齿却是舌面釉质较厚，而且有明显的中棱和几条较弱的次级棱。这些棱的存在大概正是"棱齿龙"之名的由来。这样的牙齿磨蚀面平而倾斜，明显地显示了结实的耐磨性。同时，棱齿龙牙齿上具有双磨蚀面，显示其上下颌的运动是垂向的。

此外，棱齿龙还具有一般鸟脚类的一个重要的特点，即上牙齿冠向内弯曲，而下颌牙齿齿冠向外弯曲。

特瑠特龙属是棱齿龙科中体形最大的一属，其上下牙齿齿冠结实而宽大，具有釉质的上牙颊面有 5 ~ 6 条几乎等长的棱，下颌牙齿齿冠的舌面具有釉质，有一条非常突出的初级棱，初级棱的两边发育有小的附属棱。

干龙属也是棱齿龙科的一个代表，其上颌牙齿齿冠的颊面具有厚的釉质层，发育有明显的初级棱，通常非对称地分布在牙齿的表面；初级棱两边还发育有 2 ~ 4 条次级棱，次级棱指向并逐渐消失于齿冠边缘发育的小齿中。

艾伯塔龙

　　艾伯塔龙，又名阿尔伯脱龙、阿尔伯它龙，是暴龙科艾伯塔龙亚科下的一属恐龙，生活于上白垩纪的北美洲西部，距今超过7000万年前。

　　模式种的肉食艾伯塔龙是在加拿大艾伯塔省省立恐龙公园发现的，并以此省作为该属的名字。就其物种的数目，科学家们有不同的意见，已知的有1～2种。艾伯塔龙是双足的捕猎恐龙，有着很大的头，有很多大牙齿的颚骨及两只手指的细小前肢。它可能是在生态系统食物链的顶部。

　　虽然在兽脚亚目中体型较大，艾伯塔龙比其著名的亲属暴龙更细小，重量与现今的黑犀差不多。超过20只艾伯塔龙的化石已被发现，提供了很多的研究资料。在同一位点曾发现10只艾伯塔龙，可见它们有着群体活动，并且能为发育生物学的研究提供帮助。

　　艾伯塔龙身长约9米，身高4.5米，体重4吨，蜥臀目兽脚亚目巨大的食肉恐龙的属。化石发现于北美晚白垩纪地层，因出土于加拿大的艾伯塔而得名。它是一种早期霸王龙类。比我们熟悉的霸王龙要早800万年就横行于天下，由于它身材比较小一些，腿部又长，因此应该是霸王龙类里跑得最快的品种。

　　艾伯塔龙比暴龙科的一些恐龙

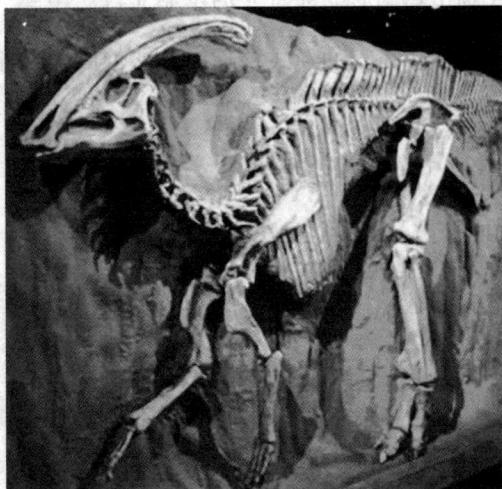

体型要小，如特暴龙。成年的艾伯塔龙约9米长。有几项利用不同方法的研究指出，成年的艾伯塔龙体重在1.282～1.685吨。

艾伯塔龙的头颅骨很大，颈部很短呈S形，最大的成年恐龙颈部约为1米长。头颅骨上的孔洞减低了头部的重量，并且提供了肌肉连接和感觉器的位置。它的长颚骨约有60颗蕉形牙齿。较大的暴龙科却有着较小的牙齿。与其他兽脚亚目不同，暴龙科是异型齿的，即牙齿有不同的形状。在上颚前颚骨的牙齿较其他的牙齿为小，排列得更为紧密且横切面呈D形。

所有暴龙科，包括艾伯塔龙在内，都有相似的外观。艾伯塔龙是双足的，并以长的尾巴来平衡头部及身躯。但是暴龙科的前肢相对于体形是极为细小的，且只有两趾。后肢很长且有四趾。大趾很短，只是其他三趾着地，而中间的脚趾较其他为长。

艾伯塔龙于1905年由美国自然历史博物馆的亨利·费尔费尔德·奥斯本在其有关暴龙的描述中所命名。这个名字是为纪念发现首个艾伯塔龙化石的地方：加拿大的艾伯塔省。属名亦包含了古希腊文的"σαυρο"（蜥蜴），是一般恐龙名字的后缀。在新墨西哥州发现的艾伯塔龙亚科头颅骨，有可能是艾伯塔龙。

艾伯塔龙是兽脚亚目暴龙科的成员。在这个科下，肉食艾伯塔龙与蛇发女怪龙都是在艾伯塔龙亚科之中。艾伯塔龙亚科比强壮的暴龙亚科细长。最近有指阿巴拉契亚龙亦是艾伯塔龙亚科的成员，但却备受质疑。

艾伯塔龙的模式种是肉食艾伯塔龙，都是由奥斯本于1905年所命名。这个学名的意思是"肉食者"，并与石棺是同一语源。已知的艾伯塔龙标本超过二十个，且有不同年龄的。

似 鸵 龙

似鸵龙在恐龙世界中是全速短距离奔跑的能手，似鸵龙意为"模仿鸵鸟的恐龙"。

似鸵龙又不很像鸵鸟，它长着一条长长的尾巴，其长度达到 3.5 米，占了整个身体的一半还多。这条长尾巴不像它那条可自由弯曲的脖子那样灵活。当似鸵龙飞跑的时候，它就把它的尾巴僵直地伸在后面。

如果它要飞快地越过一段崎岖不平的坡地，那么似鸵龙的尾巴会起到保持平衡的作用。似鸵龙脚上长着平直的、狭窄的爪子。这些爪子趴在地上就好像跑鞋上的钉子，可防止这类恐龙全速追赶它们的猎物时脚下打滑。

很多科普书籍都称似鸟龙与似鸵龙是同一种恐龙，其实是误解了，似鸵龙的拉丁文是，意为"模仿鸵鸟的恐龙"。而似鸟龙的拉丁文是，意为"像鸟似的恐龙"。

目前，古生物学家一直在争论似鸵龙能不能达到现在鸵鸟的最快速度，即 80 千米/小时。美国古生物学家罗舍尔在对似鸵龙的四肢骨骼进行研究后，认为似鸵龙在受惊的情况下可以跑得非常快，可能达到鸵鸟的那个速度。就算似鸵龙速度减半的话，它还是能够称得上恐龙王国中的快跑能手。在遇到危险时，它的奔跑速度

足以把打算袭击它的恐龙远远地抛在身后。

似鸵龙似乎并不挑食，它会吃很多种不同的食物，包括树叶、水果、昆虫和小动物。它依靠角质的喙和具有三个指爪的前肢取食植物的种子和果实，并不时捕食一些小动物。也许它在吃植物果实的时候，还能够运用嘴喙去剥食嘴中的食物，就像鹦鹉剥坚果的硬壳一样。

似鸵龙也像似鸡龙一样有一对大眼睛。当它在外寻觅食物时，它会保持相当高的警觉性，盯着各个方向，注意是否有肉食性恐龙来袭。如果它发现攻击它的是小型的肉食性恐龙的话，似鸵龙会利用它强健的后肢使劲地向对手踹上一脚，赶跑敌人。如果攻击它的是大型的肉食性恐龙的话，那么似鸵龙只能甩开双腿，以最快的速度甩掉敌人。

慈 母 龙

慈母龙英文名的含义是"好妈妈蜥蜴"。1979 年在美国蒙大拿，科学家们发现了一些恐龙窝，其中有小恐龙的骨架。于是他们把这种恐龙命名为慈母龙。1978 年，在这个地点曾发现过一个单个的恐龙窝。

慈母龙的脸看着像是鸭子的脸。它的喙里没有牙，但是嘴的两边有牙。小慈母龙长 30 厘米。慈母龙的前腿比后腿短。它们有条长尾巴。慈母龙用四条腿走路，跑步时用两条腿，它们跑得很快。

慈母龙把小恐龙生在自己的窝里，并且照看自己的孩子。恐龙蛋的形状像个柚子。慈母龙是群居生活。它们的脑袋中等大小，所以比较聪明。恐龙窝都是在泥地上挖的坑，差不多和一个圆形饭桌一样大。在下蛋之前，成年恐龙可能用柔软的植物垫在窝底。雌恐龙在垫好的窝内产 18～40 枚硬壳的蛋。

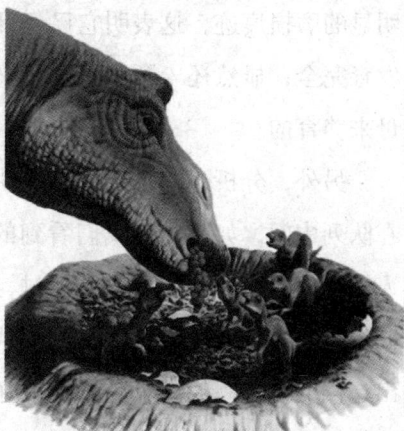

科学家们认为，慈母龙母亲，可能还有父亲，会在窝旁保护着蛋，以免它们被其他恐龙偷走。母亲可能卧在蛋上保持其温暖，当"她"需要离开去吃饭时，则由其他成年恐龙看护着恐龙蛋。当小恐龙出世以后，它们的父母会照顾这些恐龙小宝宝，并喂给它们食物。小恐龙什么都吃，还包括水果和种子。慈母龙父母可能先将坚硬的植物嚼碎，然后再喂给小恐龙。科学家们推测，小恐龙一直在"家"中生活，一直长到它们能离开家自己出去寻找食物为止。

在美国同一个地方发现了大量的带有恐龙骨骼和蛋壳碎片的恐龙窝，这就使得一些古生物学家认为，在北美洲曾生活着大批的慈母龙，它们在森林中生活，但每年都回到同一个产卵区来产卵。它们也许一次次地使用同一个窝。小恐龙在窝中一直长到能自己照顾自己的时候，就加入到恐龙群中去。最后，整个恐龙群迁移到别处，去寻找新鲜的食物。

慈母龙名字的来源是因为其骨架被发掘近于碗状土丘窝巢附近。巢内有 15 只幼体，幼体约 1 月大，它们的牙齿已磨损，验证了母亲为照料幼体，或者将食物带到巢内，或者带它们到巢外觅食再回到窝巢。许多的巢分布在附近推测是照料幼体的地方。在这个证据发现之前，大多数的古生物学者认为恐龙留下其幼体自我存活，就像今天大多数的爬行动物一样。

在一次大灾难中，一群慈母龙被一次火山爆发的灰烬所埋藏。骨骼分布在大约 2.6 平方千米范围之内，据估算这一群可达 13.5 万只恐龙！现在的爬虫类在产卵之后大多数一走了之，不会像哺乳类或鸟类一样照顾刚出生的小孩，但是在 1978 年科学家发现有一种恐龙竟会在下蛋之后照顾并喂养小恐龙，于是便将之取名为慈母龙。

以前人们一直认为恐龙和今天的爬行动物一样，都是一生下蛋就走开，根本不管它们的孩子会怎么样。后来，科学家们发现一些幼小恐龙化石的牙齿有

明显的磨损痕迹，这表明它已经开始吃东西了。但是这些幼龙的四肢却还没有发育完全，显然还未开始真正意义上的爬行。这似乎可以说幼龙是在巢中由父母来养育的。

另外，分析恐龙足迹化石表明，它们常列队外出，大恐龙在两侧，小恐龙在队列中间，如同今天我们看到的象群。于是科学家给这种恐龙起了一个很有人情味的名字——慈母龙。不过，也有很多人认为，仅凭这些证据，并不能证明恐龙是有目的地养育自己的后代。因为现在世界上任何爬行动物都没有表现出这样的爱心。鳄鱼算是做得最好的，也不过就是用嘴巴含起刚出壳的小鳄鱼，把它们带到水边，就算完成任务了，至于小鳄鱼会不会游水，能不能捕食，它可不管。

慈母龙每次能生 25 个蛋，这 25 只小恐龙每天要吃掉几百斤鲜嫩的植物，慈母龙需要不辞劳苦地到处寻找食物。如果真是这样的话，它们是无愧于慈母龙这个称号的。

盔　龙

盔龙生活在 6700 万年前（白垩纪），体长可达 10 米，是鸭嘴龙类中最著名的恐龙。头上有一个鸡冠般的头冠，中空，与鼻孔相通。据说头冠内有发达的嗅觉细胞，所以嗅觉很灵敏。

曾经发现过盔龙表皮的化石，它的表皮长得非常凹凸不平。盔龙是种大型恐龙，长着像鸭子一样的脸。头顶上有个中空的冠子，雄性的头冠比雌性的大些。它的喙里一颗牙也没有，但嘴里有上百颗的牙齿。它行走时用两条腿，前臂短一些。它的尾巴又长又胖。盔龙成群居住。它们能跑得很快。盔龙是相当聪明的恐龙。

盔龙是一种鸭嘴类恐龙，它用没牙的喙嘴咬断细枝或树叶和松针，然后放入它后面成排的牙齿间。大约有一辆公共汽车长的盔龙，走路靠后腿。但当它进食时用较短的前腿支撑身体。它的脚趾上没有锋利的爪，所以它无法抵御肉食恐龙的袭击。

科学家们认为，盔龙的脸上有皮囊。它鼓起皮囊成球状，给恐龙群传递报警信号或吸引异性。它还用气囊加大它发出的声音，就像青蛙从它们的喉咙里发出的呱呱声一样。

盔龙觅食在晚白垩世的针树叶和灌木丛中。它用后肢站立，身高足可以使它向二层楼的窗户里张望。性情温和的盔龙不是天生的好战者，它们的身上没有盔甲、棘刺和利爪，它们依靠敏锐发达的视觉和听觉器官去预防不测。

盔龙非常喜欢展示自己，炫耀自己与众不同的头饰和独特的鸣叫声。这些显眼的特征很可能吓唬住对方，使敌手在决定向它发动进攻前，三思而行。设想，在晚白垩世一个春天的傍晚，突然一阵惊人的吼叫声打破了旷野上的安详和宁静，一群鸭嘴龙叫声四起。由于它们头饰的不同形状，使这一家族成员的鸣叫声也形形色色，各有不同，犹如一只古老的铜管乐队在演奏。

盔龙头饰的大小不一，曾经一度使科学家迷惑不解。现在他们相信，较小的头盔属于年轻的或雌性个体。实际上，较年幼的盔龙几乎没有头饰，只是在它的眼睛上方有一个小小的突起。盔龙很可能会游泳，但游起来的速度肯定很慢。对于它的双腿来说，其笨拙沉重的身体极难机敏地逃脱敌手的捕杀。然而，它可以跳入湖中缓慢地滑向其他地方，用智慧取胜于不会游泳的食肉恐龙。

鹦鹉嘴龙

鹦鹉嘴龙是小型的鸟脚类恐龙，体长约1米。头骨短、宽而高，吻部弯曲并包以角质喙，酷似鹦鹉而得名。颧骨发达，外鼻孔小，前额骨位于鼻骨以下，下颌颏孔宽阔，枕骨孔发达，大于枕髁两倍。在上颌和下颌上各有7~9个牙齿。齿缘较光滑，齿根长，齿冠低。牙齿为三叶状，齿冠中棱前各有2~4个小脊。颈很短，颈椎6~9个，脊椎13~16个，荐椎5~7个。

鸟喙骨较小，其上之鸟喙孔不封闭。肠骨细长，肠骨上缘的棱脊粗壮，坐骨发达，略呈弯曲状。前肢比后肢略短，前足有四块腕骨，第四指退化，第五指消失。股骨比胫骨略短，跖骨约等于胫骨的1/2，后足仅第四趾退化。

迄今所知该类化石分布仅限于亚洲大陆，除中国北方是主要产地外，在蒙古和苏联的乌拉尔以东也有发现。是早白垩世的标准化石。或许是角龙类的祖先或与之有关。是原始的类型并至少偶尔用两足行走。后肢和骨盆很发达，代表鸟臀目恐龙类。

虽然前肢不像后肢一样粗壮，但是为了进食大概能采取四足行走的姿势。上腭弯曲在下腭之上。腭的前部无齿，颊部有齿。

鹦鹉嘴龙大部分时间生活在陆地上，尤其在低洼的湖沼和河流岸边最多，主要以水边的柔嫩多汁的植物为食，它们用坚固的角喙把娇嫩植物切割断，再用单列牙前后咀嚼而吞食。由于特化难以适应生活环境变化，故生存了较短时间，就绝灭了。

冥 河 龙

这是一种相貌怪异的恐龙。全长约 2.4 米，高约 1 米。体型和习性都很像今天的野山羊。头部有一个坚硬的圆形顶骨，周围布满了锐利的尖刺，看起来似羊非羊，似鹿非鹿。这种奇怪的头饰有什么作用呢？据科学家们分析，很可能是群体中雄性之间的争斗武器。圆顶可以抵受猛烈的冲撞，角刺则可用来相互碰撞，充当御敌的武器。

这是一种头颅顶部、后部与口鼻部饰以非常发达的骨板与棘状物的神秘恐龙，冥河龙的命名源于美国蒙大拿州的地狱溪，1983 年发现时的场景就像取出一具地狱恶魔的遗骸一般恐怖。

在全部化石记录中，冥河龙那繁多的精巧而复杂的头饰使它在同类（肿头龙类）乃至全部恐龙中都是最面目狰狞的。

遗憾的是，我们对这种恐龙所知甚少，迄今我们只发现了五具冥河龙的头骨，以及一些零零碎碎的身躯遗骸。但这并不妨碍我们推断出它的生活习性，冥河龙与其他肿头龙类一道在晚白垩世的北美大陆上生活，它很可能直立行走，

而前肢细小，并长有坚硬的长尾巴。

冥河龙的头颅骨板非常厚实，有一部分古生物学家认为雄性冥河龙之间是以互相碰撞头部来争夺伴侣的，这类似当今的野牛，繁殖季节的格斗是那么惊心动魄。另外一部分科学家则认为冥河龙头颅上的骨板纯粹是装饰而已，炫耀其漂亮的头饰可以使雄龙在繁殖季节吸引到异性。

古生物学家研究已发现的冥河龙骨骼化石，已经取得一定的成果，大部分的肿头龙类头颅后部洞网状结构都有愈合的趋势，从而增加其厚度，异常厚实的头颅表明冥河龙在肿头龙类中是比较进步的种类，这也是肿头龙类的进化——头颅骨板趋更厚实发展。

我们在冥河龙的栖息地发现了霸王龙、阿尔伯脱龙等大型掠食性恐龙，这表明群居生活的冥河龙需要建立有效的预警机制，机警而敏捷的冥河龙担任着警戒任务，在掠食性恐龙进犯时保护老弱的同类撤离乃至与其格斗，想象一下，拥有极发达骨板与棘的冥河龙与霸王龙战斗的场面该是多么血腥……

剑 角 龙

剑角龙又名顶角龙，学名在希腊文意为"有角的头顶"，是种草食性恐龙，属于鸟臀目厚头龙下目，生存于晚白垩纪的北美洲。剑角龙身长 2 米。由劳伦斯·赖博在 1902 年所命名。

因为剑角龙的化石相当完整，常被当成模型来完成厚头龙类的重建。当剑角龙首次被发现时，它们被认为是伤齿龙的近亲，直到 1945 年，剑角龙的头颅骨被发现时，才发现它们与伤齿龙有显著差别，所以这个理论被淘汰了。

厚头龙类的化石大部分只有颅骨，而目前所发现的剑角龙颅骨数目超过其他的厚头龙类。它们的尾巴基部有扩大腔室，目前仍不清楚其功能。

生理结构

剑角龙的头颅骨厚度约为 10 厘米厚，头部后侧有一圈骨突。彼得·加尔东（Peter Galton）在 1971 年，提出厚头龙下目恐龙与剑角龙的颅顶，是雄性用来求偶尔碰撞用的，如同现今山羊与麝牛的行为。后来的理论则认为这些颅顶是用来攻击掠食者的；因为如果颅顶是用于求偶的碰撞行为的话，两只恐龙若没有准确地对准，很容易撞击到对方的颈部。

尽管如此，仍有特征可支持剑角龙以头互撞的理论，如充满肌肉的短颈部可将颅顶与颈部对准在正确的角度；强壮的背部（可从剑角龙僵硬的尾巴了解）更能承受来自头颅的撞击；充满肌肉的后腿可以承受冲击，并协助剑角龙保持位置；而骨细胞的生长样式，显示头颅骨曾受到巨大的外来压力。

然而，目前还没有发现伤痕以支持这个理论，仍有争论头颅与脑部是否能承受撞击，头颅内部并没有空间可吸收冲击。罗伯特·巴克（Robert Bakker）因此提出它们是以侧面或胸部来相互撞击的，而非头部。

也有人提出厚头龙类在互相撞击时，头部、颈部与身体可呈平行状态，以承受撞击力道。但是，没有证据显示任何恐龙能够保持着这种姿态。相反，从厚头龙类的颈椎与前部背椎显示出它们的颈部以 S 或 U 形状弯曲，但这个理论仍未确定。

目前广为接受的理论是，厚头龙类以头部侧面互相碰撞。首先，头颅的形状会减少正面撞击时的接触面，而使撞击时头部偏离。此外，厚头龙类的颈椎与前段背椎呈 S 形或 U 形弯曲，而非笔直，会减少冲撞的力道。最后，大部分厚头龙类的头部相当宽，可以保护内部重要器官，这种特征支持了这个假设。

当第一次发现剑角龙的部分头颅骨时，它们一度被认为拥有腹肋（Gastralia），但其他鸟臀目恐龙通常没有腹肋。这个观点已改变，因为它们拥有骨化肌腱。

暴 龙

暴龙（学名 Tyrannosaurs Rex 的意思是"暴君蜥蜴"），肉食性恐龙中出现最晚，也是最大型、最威武有力的品种之一。 暴龙可能是地球上有史以来最大的陆生肉食动物，6500 万年前灭绝，结束在白垩纪。

暴龙的头部非常的巨大（长约 1.2 米）。强而有力的颚部上长有锯齿边缘的牙齿，庞大粗壮却像鸟类的两脚，指头上长有强力的爪子。和粗壮的脚比较起来，暴龙的手臂小得多，比人类的手要短，古生物学家认为，这可能由于暴龙只用口捕猎，前肢绝少使用，因而渐渐变短变小，也因此演变成由后肢站立，前肢退化及后肢成为武器这种奇异的身体结构。

暴龙虽然身躯庞大，骨骼却是空心的，而且头颅中有一些大而中空的洞，因而使得体重减轻，便于行走和捕腊。体长 14 米，体高约 5.5 米，体重达 7 吨，暴龙的尾巴又长又粗，看来是一个强而有力的攻防武器，大概常以后肢及尾巴为重心，因此推测后肢和尾部肌肉相当结实，破坏力比龙卷风还强大！

暴龙的生活环境

在白垩纪初期出现的开花植物，在暴龙生活的时期主宰着世界的生态系统，90% 的叶片化石都是在北达科他州发现的，在收集的 3 万多个叶片化石中，有

90% 的化石是属于宽叶植物。

现在，在暴龙发现地的附近，仍然有暴龙时代的针叶植物，如落叶松和它的亲缘植物。当时的景物和佛罗里达州或佐治亚州南部相类似，这个区域有些小树，高 15~30 米，树干直径不到 0.3 米。暴龙生活的时代，现代的各科植物都已经出现了。所以暴龙生活的环境并没有想象的奇特。

暴龙如何进化

暴龙的最早的祖先来自三叠纪晚期的始盗龙，它身长只有 0.9 米，还不到 1 米，体重只有 5~7 千克。始盗龙的下颌中部没有素食恐龙那种额外的连接装置。而是在下颚的中间，有一个能够让下颚弯曲的活动关节，当双颚咬住东西的时候便会紧紧钳住猎物，而暴龙就有这种下颚！

它还有一些有趣的地方，比如始盗龙具有 5 个 "手指"，而后来出现的食肉恐龙的 "手指" 数则趋于减少，到了最后出现的暴龙等大型食肉恐龙只剩下两个 "手指" 了。再如，始盗龙的腰部只有三块脊椎骨支持着它那小巧的腰带，而后来的恐龙越变越大时，支持腰带的腰部脊椎骨的数目就增加了。

那么，暴龙是如何从狗一般大小演化为长 13 米的巨兽的？数十年来，古生物学家一直认为暴龙是其他巨型捕食者的后裔，例如跃龙、异特龙，它是最大、最多牙齿的恐龙的最后一代，这就是超级肉食恐龙的假设，似乎是理所当然的，但这并不正确。

跃龙为侏罗纪最大型的肉食性恐龙。体长约 11 米，估计体重 1.5~2 吨，为行动矫捷的凶猛捕猎者，狩猎时可能会跃进扑击猎物，故名。推测它会潜伏在植物丛中发动突击，强壮的前肢上长有 3 个指爪，为重要的武器，一般以中

型至大型草食性恐龙为食物，无疑是侏罗纪恐龙最强的天敌，但到了白垩纪中期，跃龙突然消失在地球上，取而代之的是自然历史上最强的陆上捕猎动物——暴龙。

最近几年发现的暴龙和肉食恐龙有很多相同之处。就拿它的脚为例子，它那突出的第三趾是很多白垩纪末期恐龙的特征，但它们都是小恐龙，它们并不是我们熟知的大型肉食恐龙，如似鸵龙。

暴龙其实是小型肉食动物，但后来演化成极为巨大的体型，它们和其他大型肉食恐龙并没有任何关联，从解剖学分析可以轻易地辨认出那些恐龙与暴龙没有关系。

但是要追踪出暴龙的进化历程就甚为困难——化石记录中有一大段空白，接着暴龙的第一位巨型祖先就突然出现了，直到2007年，在加拿大艾伯塔省海拔1300米的山区发现了新的线索，这里有一段保存完好的史前海滨，线索烙印在此地已经有好几百万年了，加拿大恐龙足迹最多的地方是阿伯塔省一处叫"大仓"的煤矿，那里发现了甲龙等恐龙的足迹，那里一度是滨海的泥地，这个地点之所以重要是由于它的年代已有1亿年之久，但附近却没有发现同时期的骨骸化石。

所以专家们猜测，这是恐龙迁徙的时候留下的，在这些足迹里面并没有暴龙的，但是根据这些细长的足迹来判断，他们一定是某种巨型恐龙留下的，这也许是暴龙的祖先。

这种龙是暴龙演化过程中的一个转折点，与当时其他小型捕食恐龙不同，它是利用双颚来杀死猎物，而不是使用前肢。这种适应性变化造成暴龙的兴起和它独特的外形，暴龙最早来源于独身龙，独身龙体型细长，前肢也很长。演化至阿尔贝塔龙时，它的头变得更大，前肢变得更短，阿尔贝塔龙和暴龙类似，但细看各个特征的时候会发现它比暴龙更为原始。

暴龙如何行动

暴龙是最大的肉食恐龙之一，以前人们认为暴龙能够奔跑如飞，就像它们在电影里追上疾驶的汽车那样，时速可能高达72千米，很少有猎物能够逃脱其利爪。

但在英国《自然》杂志上，一个美国研究小组公布了关于暴龙运动的研究成果，认为暴龙的生理结构决定了它们不能奔跑，只能以每小时18～40千米的速度行走。

研究人员使用计算机模拟不同动物的运动，通过腿的长度、运动姿态等参数估算动物奔跑所需腿部肌肉的最小重量。计算表明，动物的体重越大，它依靠两足奔跑所需的腿部肌肉占体重的比例也越大。一只普通的鸡，腿部肌肉只需要达到体重的17%左右。但一头体重6吨的暴龙，如果它能够奔跑，那么它腿部肌肉的重量将超过身体总重量的80%。而现存的陆地脊椎动物的腿部肌肉一般不会达到身体重量的50%。

为了对比，研究者还计算出，如果一只像暴龙大小的鸡要奔跑，其腿部肌肉将占全身重量的99%——这几乎是不可能的。研究者的结论是，暴龙运动的速度很可能不超过每小时40千米。如果你被一头暴龙盯上，跑得足够快的话，还是有可能逃脱的。

惧 龙

惧龙是暴龙科下的一属恐龙，生活于上白垩纪，距今8000万~7300万年前的北美洲西部。

惧龙属与较后期的暴龙为近亲，并且拥有很多解剖学上相同的特征。就像其他已知的暴龙科，惧龙是体重以吨计的双足猎食者，有着很多尖锐的牙齿。它有着细小的前肢，相比其他同科内的属则较为长。它的体重与现今的白犀或细小的象接近。

在一些地区，惧龙与其他的暴龙科，如蛇发女怪龙同时存在，不过它们之间却有着生态位的差异。虽然在暴龙科内惧龙的化石算是稀少，但都足以提供数据作生物学、群体活动、饮食及寿命等的研究。

虽然对于现今的猎食者来说，惧龙是非常大的，但在其亚科中它的体型并非最大。成长的惧龙由鼻端至尾巴可达8~9米长。估计平均体重为2.5吨，间距为1.8~3.8吨。

惧龙有一个巨大的头颅骨，约有1米长。头颅骨都是特别加固的，如在鼻端上的鼻骨愈合在一起以增加强度，而当中的大型孔洞则可减低重量。成长的惧龙约有六打牙齿，每只牙齿都非常长。牙齿的横切面呈椭圆形而非剑形，在上颚末端前颌骨的牙齿却是呈D型的，这种异齿型在暴龙科中是非常普遍的。

惧龙头颅骨的独有特征就是上颚骨的粗糙外表面，及眼睛周围的泪骨、眶后骨及颧骨是明显隆起的。眼窝呈长椭圆形，在蛇发女怪龙的圆形及暴龙的钥孔形之间。

惧龙与其他的暴龙科都有着相似的体型，都是由呈 S 形的颈部支撑着沉重的头部。它的前肢非常的短小，只有二指，不过惧龙的前肢与身体比例在暴龙科中已是最长的了。它的重心是在臀部及有三趾的巨大后肢上。一条长及重的尾巴正好作为头部的平衡。

分类系统

惧龙在暴龙科中，与特暴龙、暴龙及分支龙同属于暴龙亚科。在这个亚科的动物都是较接近暴龙多于艾伯塔龙的，特征都是较粗壮的体型：拥有比例上较大的头颅骨及大腿骨。

惧龙一般被认为是较接近暴龙，或是暴龙前进演化的直接祖先。格里高利·保罗将强健惧龙编入暴龙属中，但这个分类却一般不被接受。很多学者相信特暴龙及暴龙是比较基底的惧龙的姊妹分类，或甚至是同属的。

另一方面，却又发现惧龙是较北美洲的暴龙更接近特暴龙及其他亚洲的暴龙科，如分支龙。要有较清晰的惧龙分类，就要等所有惧龙的物种被描述出来后才可以得到。

发现及命名

模式种强健惧龙是一些骨骼部分，包括了头颅骨、整个颈部、胴体及臀部脊骨、首 11 节尾巴脊骨、肩膀、一只前肢、盆骨及一根大腿骨。它们是由查尔斯·斯腾伯格于 1921 年所发现，他最初认为这是属于蛇发女怪龙的一个新物种。

但是，这些标本直到 1970 年才由戴尔·罗素完全地描述，并成为新的惧龙属的模式种。

　　除了模式标本，惧龙有一个完整骨骼的标本于 2001 年被发现。这两个标本都是来自加拿大的艾伯塔省，从朱迪斯河组中的奥尔德曼组被发现。另一个从马蹄铁峡谷组发现的标本被重置为肉食艾伯塔龙。奥尔德曼组是在上白垩纪的坎帕阶早期形成的，距今有 7700 万～7600 万年。

　　近年来，又有两或三个标本被编入惧龙属中，但至今仍未有正式的描述或命名。虽然它们未必是同一物种，但都暂被编入"D. sp."中。

奇情妙想——
恐龙绝迹后的探秘

在相当长一个时期内，人们认为恐龙是冷血动物，经过长时期深入地研究，越来越多的科学家认为恐龙是热血动物。虽然这样的争论还在继续，但我们相信，解开这个谜不会拖太长时间了。

恐龙时代地球的变化

恐龙时代的地球与现在的地球迥然不同。从那个时候起，新海洋形成了，大陆改变了位置，新山脉从平地隆起。这些都是由组成地球表面的巨型岩石——板块的运动所引起的。

漂移的大陆

地球由不同的地层组成。板块组成了地球的表面或者说地壳，它覆在地幔的上面。地幔的一部分是熔融的，它们在不停地运动，带动上面的板块。板块的移动速度大约是每年 5 厘米，但经过数百万年的时光，这足以令大陆漂移一段极远的距离。在恐龙生活的年代，这些大陆所在的位置与今天大不相同。

运动的山脉

在恐龙存活的时候，今天的一些山脉还尚未形成。比如说，喜马拉雅山脉在恐龙灭绝 500 万年之后才形成，是由亚洲板块和印度洋板块相互碰撞产生的。地壳产生褶皱隆起，从而诞生了世界上最高的山脉。像这样由两个板块碰撞而形成的山脉被称为褶皱山。

化石证据

化石可以帮助我们推测大陆是如何漂移的。古生物学家们经常能在几个被海洋分离的大陆上发现同一种动物的化石。之所以该种动物分布在各个大陆，是因为这些大陆在它们存活的时候是连在一起的。

海洋的改变

板块运动也改变了海洋的形状和大小。当两个板块在海底相互碰撞时，其中一个板块会被挤到另一个板块底下，并在那里融入到地幔中。而在其他地方，板块与板块互相漂离，产生裂缝。岩浆从裂缝处溢出，并把它填满，从而加宽了海洋。

谁能破解恐龙灭绝之谜

我们知道，恐龙灭绝的时间是在距今约6500万年前。而且在那个时候，不仅统治了地球达1亿多年的各种恐龙全部绝灭了，同样悲惨的命运还同时降临到了地球上的陆地、海洋和天空中生活的很多种其他的生物。

在这次灾难中绝灭的还有蛇颈龙等海洋爬行动物，有翼龙等会飞的爬行动物，有彩蜥等恐龙的陆生爬行动物亲戚，有菊石、箭石等海洋无脊椎动物，至于海洋中的微型浮游动植物，钙质浮游有孔虫和钙质微型浮游植物也几乎被一扫而光。

经过这场大劫难，当时地球上大约 50% 的生物属和 75% 的生物种从地球上永远地消失了。

这真是一场大绝灭、大灾难。大绝灭的结果使得在距今约 6500 万年这个时间的前后，地球上生物世界的面貌发生了根本性的巨变。

这场大灭绝标志着中生代的结束，地球的地质历史从此进入了一个新的时代——新生代。

科学家们经过不懈的努力，分析研究了到目前为止可以发现的所有线索，提出了解释这一大灭绝现象的各种理论。但是至今，关于这场大绝灭的原因仍然没有找到一个百分之百正确的答案。

关于恐龙绝种的真正原因，自古以来就众说纷纭，但都没有一个定论。因此，到目前为止仍旧是一个未解的谜题。

关于恐龙灭绝的假说主要有以下几种。

造山运动说

在白垩纪末期发生的造山运动使得沼泽干涸，许多以沼泽为家的恐龙就无法再生活下去。随着气候的变化，植物也改变了，草食性的恐龙不能适应新的食物，而相继灭绝。

草食性恐龙灭绝，肉食性恐龙也失去了依持，结果也灭绝了。此一灭绝过程，持续了 1000 万~2000 万年。到了白垩纪末期，最终在地球上绝迹。

气候变化说

由于板块移动的结果，海流产生改变，更引起气候巨幅的改变。严寒的气候使植物死亡，恐龙缺乏食物而导致了灭亡。

火山爆发说

因为火山的爆发，二氧化碳大量喷出，造成地球急激的温室效应，使得生物死亡。而且，火山喷发使得盐素大量释出，臭氧层破裂，有害的紫外线照射地球表面，造成生物灭亡。

意大利著名物理学家安东尼奥·齐基基提出，造成恐龙大绝灭的原因很可能是大规模的海底火山爆发。

齐基基教授认为，白垩纪末期，地球上在海洋底下发生了一系列大规模的火山爆发，从而影响了海水的热平衡，并进而引起了陆地气候的变化，因此影响了需要大量食物维生的恐龙等动物的生存。他的理由是，现代海底火山爆发对海洋和大气产生的影响是众所周知的，只是其影响程度比起6500万年前发生的海底火山爆发的程度小多了。

齐基基教授认为，过去科学界对海底火山爆发的情况了解得很少，现在需要对这种严重影响地球环境的现象进行深入的研究。

他举例说，格陵兰过去曾经生长着茂密的植被，但是当全球性的海洋水温平衡变化以后，寒冷的洋流改变流向后经过了格陵兰，从此把这个大大的岛屿变成了冰雪覆盖的大地。这是海洋水温平衡变化对气候产生巨大影响的一个典型实例。海底火山活动是影响海洋水温平衡变化的一个重要因素。

因此，齐基基教授认为应该将海底火山的大规模爆发引起的海洋水温平衡变化作为研究恐龙绝灭问题的一个重要参考因素。

海洋潮退说

根据巴克的说法，海洋潮退，陆地接壤时，生物彼此相接触，因而造成某种类的生物绝种。如袋鼠能在欧洲这种岛屿大陆上生存，但在南美大陆上遇见别种动物就宣告灭亡。除了这种吃与被吃的关系以外，还有疾病与寄生虫等的传染问题。

温血动物说

有些人认为恐龙是温血性动物，因此经不起白垩纪晚期的寒冷气候而导致无法存活。因为即使恐龙是温血性，体温仍然不高，可能和现在树懒的体温差不多，而要维持这样的体温，也只能生存在热带气候区。

同时恐龙的呼吸器官并不完善，不能充分补给氧，而它们又没有厚毛避免体温丧失，却容易从其长尾和长脚上丧失大量热量。温血动物和冷血动物不一样的地方，就是如果体温降到一定的程度之下，就要消耗体能以维持体温，身体也就很快地变得虚弱。它们过于庞大的体躯，不能进入洞中避寒，所以如果寒冷的日子持续几天，可能就会因为耗尽体力而遭到冻死的命运。

自相残杀说

有人认为，造成恐龙灭绝的真正原因是它们自相残杀。肉食性恐龙以草食性恐龙为食，肉食性恐龙增加，草食性恐龙自然越来越少，最后终于消失。肉食性恐龙因无肉可食就自相残杀，最后导致同归于尽。

哺乳类进化说

在中生代后半期，已有哺乳类的祖先生存。根据化石的记录，当时的哺乳类体型甚小，数量也十分有限，直到白垩纪的后期，数量才开始急速增加。推测它们属于以昆虫等为主食的杂食性，这些小型哺乳类发现恐龙的卵之后，即不断地取而食之。

物种的老化说

此说法认为恐龙由于繁荣期间长达 1 亿数千万年，使得肉体过于巨体化。而且，角和其他骨骼也出现异常发达的现象，因此在生活上产生极大的不便，最终导致绝种。

恐龙中最具代表性的雷龙，体长 25 米，体重达 30 吨，由于体型过于庞大，使动作迟钝而丧失了生活能力。另外，三角龙等则因不断巨大化的三只角以及保护头部的骨骼等部位异常发达，反而走向自灭之途。

生物碱学说

这种学说认为恐龙所生存的最后时期——白垩纪，开始出现显花植物，其中某些种类含有有毒的生物碱，恐龙因大量摄食，引起中毒而死亡。因为，哺乳类能够借味觉和嗅觉来分辨有毒的植物，但是恐龙却没有这种能力。

不过，含有生物碱的植物并非突然出现于白垩纪后期，而是在恐龙绝种的500万年前就已经可以见到。此学说未说明何以恐龙在这段期间内仍能生存。

小行星撞击理论

1980年在一个科学讨论会上，美国地质学家阿尔瓦雷茨等人根据他们的研究成果，形象生动地宣讲了一段发生在距今6500万年前的惊心动魄的故事：一个阳光灿烂的下午，烈日照耀下的热带灌木林中，许多不同种类和形态的恐龙平静地像往常一样或在湖边漫步，或在水中觅食；在森林的边缘，一只刚刚孵完卵的鸭嘴龙正在蛋巢边来回踱步；在一片开阔的原野上，一只霸王龙正准备扑向一只巨大的三角龙……

突然，一声从来没有听到过的巨响打破了这个宁静的世界。一个直径几千米大的流星猛烈地撞到地球上。这一撞可不得了，相当于几万个原子弹威力的爆炸在顷刻间发生。

这是一颗不期而至的小行星，与地球碰撞后产生的撞击力可达10^{15}吨TNT炸药爆炸所产生的能量。卷着尘埃的一个巨大的蘑菇云迅速升起，直冲天空，而后弥散开来，最后把整个地球都笼罩在里面。

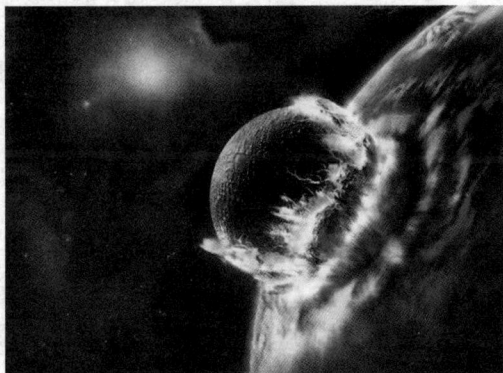

很快，恐龙就彼此看不见了，因为黑云遮天蔽日，白天也没有了阳光。这种恐怖的状况持续了一两年。植物的光合作用中断了，因而大量枯萎、死亡。吃植物的素食恐龙因此相继死去。以后，吃肉的恐龙也由于失去了食物而灭绝了。

这段故事是小行星撞击地球造成恐龙大绝灭学说的精华。后来不断地被许多科学家给予支持。

有些科学家甚至认为地球在这个时期不仅经历了一次较大的行星撞击，而且还接连受到了许多次小一些，但是依然严重威胁生命的小行星撞击，这可以从在加勒比海和美国的艾奥瓦州发现的行星撞击的痕迹中得到证实。

这一假说的证据还来自于在世界各地发现的6500万年前的沉积物中存在的一种氨基酸。这种氨基酸含有大量的铱元素，大量地存在于某些天体里，在地球上却根本不应该存在。这层富含铱元素的地层在北美洲、欧洲和澳大利亚的许多地区都被先后发现，在我国西藏的冈巴地区几年前也发现了这层含铱层。

有的科学家认为，这次爆炸使所有恐龙都灭绝了。但是也有一些科学家认为，只有70%的恐龙在当时灭绝，其他的一些恐龙种类则勉强地躲过了劫难，可是在随后的几百万年里又逐渐绝灭了。这后一种说法并不是没有道理，因为在6500万年前的这次事件以后形成的地层里，仍有一些恐龙骨骼被发现。

例如，美国新墨西哥州6000万年前上下的地层中就曾经发现了恐龙的残骸。在阿拉斯加新生代的冻土带里，也发现过三角龙的化石。这些现象似乎说明，在这次小行星撞击地球引起的大爆炸以后，仍然有一些恐龙种族挣扎着生活了几百万年的时间，最后才因为不适应新的气候和新的环境而最终相继灭绝。

繁殖受挫理论

恐龙是卵生的。科学家发现侏罗纪时恐龙化石多，但恐龙蛋化石少。相反，到了白垩纪，尤其是晚白垩纪，恐龙化石少，而恐龙蛋化石却很多。

如河南西峡县一带和湖北郧县一带，这一时期的恐龙蛋化石，成千上万，令人叹为观止，相反恐龙化石却极少发现。而且进一步用电子扫描、切片等方法，又发现这一时期的恐龙蛋的许多蛋壳变薄，仅1毫米厚，而不是通常的2毫米厚。特别是许许多多的蛋均没有孵化出来。

台湾学者在西峡考察研究时，认为蛋内可能曾有细菌繁殖。这些都说明可能是由于繁殖受挫，导致恐龙急剧减少，最终灭绝。

气候骤变理论

根据深海地质钻探得到的资料，一些科学家认为在6500万年前的地球上的气候发生了异常的变化，温度忽然升高。这种变化使恐龙等散热能力较弱的变温动物无法很好地适应环境，引起其身体中的内分泌系统紊乱，尤其是造成雄性个体的生殖系统严重损坏。结果，恐龙无法繁殖后代，从而走向了最终的绝灭。

还有一种理论，虽然同样是认为气候骤变引起恐龙绝灭，但是推测的过程却不一样。这一派学者认为，在距今大约7000万年前，北冰洋与其他大洋之间被陆地完全隔开，并在最后的日子里，那咸咸的海水因受各种影响渐渐地变成了淡水。

到了距今6500万年前，分隔北冰洋与其他大洋的"堤岸"突然发生了决口。大量因淡化而变轻的北冰洋的水流入其他大洋。由于北冰洋的水温度很低，这些"外溢"的冷水形成了一层冷流，使得地球大洋的海水温度迅速下降了大约20摄氏度。

海洋温度的下降又严重影响了大陆气候，使大陆上空的空气变冷。同时，空气中的水蒸气含量也迅速减少，引起了陆地上普遍的干旱。陆地上的这些气候变化产生的综合状况就是，恐龙灭绝了。

气候骤变造成恐龙绝灭的一条可能的途径是气候骤变严重影响恐龙的卵。一些科学家发现，在恐龙灭绝之前的白垩纪末期，恐龙蛋的蛋壳有变薄的趋势，这是由气候急剧变化造成的。

我国的一些古生物学家也发现，在一些化石地点产出的恐龙蛋中，临近绝灭时期的那些恐龙蛋蛋壳上的气孔比其他时期的恐龙蛋蛋壳中的气孔要少，这

很可能与气候变得寒冷干燥有关。

大气成分变化理论

白垩纪末期的恐龙大绝灭是生物历史上的一个千古之谜，科学家提出了一个又一个的理论来试图解释其原因，但是至今仍然没有一个让所有人都能够接受的定论。

较为流行的说法是小行星撞击地球引起的灾难导致了恐龙的灭绝，但是这一理论并不完善。因为恐龙是当时地球上最成功的动物，其丰富的多样性更是表现得大小不等、形态各异，生活方式也是多种多样。

如果是小行星撞击造成的灾难引起了恐龙的灭绝，那么为什么乌龟、鳄鱼和蜥蜴这些与恐龙有着密切的亲缘关系的爬行动物能够度过劫难而一直生存到现在呢？这不能不促使人们再去寻找其他的思路来分析恐龙绝灭的原因。

现代科学分析使我们了解到，在地球刚刚形成的年代里，空气中基本上没有氧气，二氧化碳的含量却很高。后来，随着自养生物的出现，光合作用开始了消耗二氧化碳和制造氧气的过程，从而改变了地球上的大气环境。同时，二氧化碳一方面通过生物的固定以煤、石油沉积在地层里，另一方面也通过有机或无机的过程以各类碳酸盐的形式沉积下来。这种沉积是一直进行的。

有证据表明，恐龙生活的中生代二氧化碳的浓度很高，而其后的新生代二氧化碳的浓度却较低。这种大气成分的变化是否与恐龙灭绝有关呢？

众所周知，每种生物都需要在适当的环境里才能够正常地生活，环境的变化常常能够导致一个物种的兴衰。当环境有利于这一物种时，它就会兴旺发展；反之，则会衰落甚至灭绝。

环境因素包括温度、水等因素，还包括大气的成分。那么大气成分的变化会不会影响生物的生活呢？答案是肯定的。如人处在二氧化碳浓度较高的环境下会有生命危险，而有些动物甚至比人对二氧化碳的浓度变化更为敏感。

恐龙生活的中生代，大气中的二氧化碳的含量较高，说明恐龙很适应于二氧化碳浓度高的大气环境。也许只有在那种大气环境中，它们才能很好地生活。

当时，尽管哺乳动物也已经出现，但是它们始终没有得到大发展，也许这正是由于大气成分以及其他环境对它们并不十分有利，因此它们在中生代一直处于弱小的地位，发展缓慢。

随着时间的推移，到了白垩纪之末，大气环境发生了巨大的变化，二氧化碳的含量降低，氧气的含量增加，这种对恐龙不利的环境可能有两个方面：

（1）恐龙的身体发生了不适，在新的环境下，很容易得病，而且疾病会像瘟疫一样蔓延。

（2）新的大气环境更适于哺乳动物的生存，哺乳动物成为更先进、适应性更强的竞争者。

在这两种因素的作用下，恐龙最终灭绝了。而那些孑遗的爬行动物则是既能适应旧环境，又能适应新环境的爬行动物物种。

因此，对于恐龙绝灭来说，小行星的撞击也许起了一定作用，但看来并非是最关键的因素。

大气成分变化造成恐龙灭绝这一理论有两个出发点：一个是中生代的大气成分与现代不同，现代科学已能证明这一点；另一个是每种生物都需要合适的大气环境才能生存，现代科学也不难对此进行验证。

远古时代的大气中几乎没有氧气，而二氧化碳的含量很高。后来由于生物的出现，在光合作用下大气中二氧化碳的含量逐渐减少，氧的含量逐渐增加的这一过程也许可以解释生物进化史中的很多现象。

因此，寒武纪的生命大爆发必须以大气中的氧气含量已经达到了一定程度为保障，而这一点已经被科学所证明。

灭绝假说之哺乳动物论

在众多的恐龙绝灭假说中，有一种有趣的观点认为恐龙是被哺乳动物赶下台的。这就是生存竞争说。

的确，地球生命史上有不少动物的绝灭是与生存竞争有关的。优胜劣汰，这是一条无情的自然法则。用达尔文的话说：物竞天择，适者生存。但哺乳动物究竟是怎样把恐龙打败的呢？

有人猜测，哺乳动物大量偷吃恐龙的蛋，使恐龙无法育出后代，最后断子绝孙。但是，这种说法不能自圆其说。因为鳄鱼、蜥蜴和龟的蛋也不可避免地曾被哺乳动物偷食，但它们却一直活得好好的。

又有人推测，哺乳动物身躯细小，行动敏捷，很有"心计"。

它们白天躲在洞穴里养精蓄锐，夜幕降临后，成群结队地悄悄溜出来四处活动觅食。如发现昏睡的恐龙，则群起而攻之，而后吃掉它。

有的人认为，冷血的恐龙在气温较低的夜间，体内代谢速度大大减慢，周身变得呆滞麻木，当受到哺乳动物的围攻时，既无还手之力，也无招架之功。尤其是那些老、幼、病、残的恐龙，更是哺乳动物们集体享用的美餐。就这样，日复一日，年复一年，恐龙的数量越来越少，直至销声匿迹。

哺乳动物靠夜袭的战术干掉某些恐龙，这样的事不能说没有发生过。但要消灭那么多的庞然大物，依然令人难以置信。何况这种说法也不能解释，白垩纪末期，生活在海洋中的爬行类恐龙为什么绝灭了。

许多古生物学家认为，恐龙与哺乳动物之间的生存竞争是有的，但按当时哺乳动物的实力，根本不是恐龙的对手。在整个中生代，恐龙牢牢地占据着陆地环境，只给哺乳动物留下了很小的生活天地。

在恐龙眼中，像哺乳动物这样的竞争对手，无足轻重。它们身上那点肉，还不够大恐龙塞牙缝的，只有那些小恐龙才会捕捉哺乳动物充饥。

恐龙绝灭时，哺乳动物并不强大。在恐龙绝灭后，又过 100 万～200 万年，哺乳动物才获得空前的发展。因此，大多数古生物学家认为，恐龙不是被哺乳动物赶下台的。

鳄鱼之王成为恐龙灭绝的新因素

在距今约 1.1 亿年以前，恐龙并非地球上唯一的统治者。美国芝加哥大学古生物学家保罗·塞利诺教授领导的一个研究小组，在尼日尔的特内尔沙漠进行考古挖掘时发现了距今 1.1 亿年的巨型鳄鱼化石，这种鳄鱼的学名叫"Sarco-suchus"，意思是生物界的最高统治者。这只鳄鱼与恐龙同处一个时期——白垩纪，是当时最凶猛的食肉动物之一。

让研究人员吃惊的是，这样的鳄鱼在恐龙横行的远古时代，有时竟以捕食恐龙为生。那么，它是如何捕食恐龙的呢？

与许多生活在浅海中的古代鳄鱼不同，这种爬行类鳄鱼以河流为家，主要栖息在深水区。当时，陆地上覆盖着茂密的森林，无数河流纵横交错，遍布其间。

而这种鳄鱼就栖息在这些宽阔的河流中。每当恐龙感到饥渴，到河边饮水时，就是鳄鱼捕杀恐龙的最好时机。于是，恐龙的噩梦也就降临了。

逮住恐龙并让它成为口中美食对于鳄鱼之王这种超级鳄鱼来说并不是什么难事。鳄鱼之王虽与恐龙同时代，但它处在当时食物链的顶端，是动物界绝对

的主宰。

通过对新发现的鳄鱼头骨化石的研究可以推断，这类鳄鱼之所以能捕食恐龙，主要因为它有着非常特殊的身体构造。目前的发现表明，鳄鱼之王至少长12.2米，重达10吨，与现在还存活的最大型鳄鱼相比，鳄鱼之王的体积也是它们的10～15倍。它的颌部很长，长有超过100颗的短而粗的圆柱形牙齿，并有咬合严密的深复牙，可以咬碎大型脊椎动物的骨骼。

它的鼻子末端长着一个巨大的、球根状的突起，突起里面有一个空腔。这使它的嗅觉异常灵敏，并能发出奇异的声音。而且，这种超级鳄鱼的牙齿也非同一般。

与一般以鱼类为生的动物相比，它的下颌牙不仅与上颌牙互相交错，而且能精确无误地嵌入其中。在100多颗牙齿当中，一排门牙能咬碎骨头，撕裂像恐龙一样巨大的猎物。此外，它的眼睛也难以理解地向上翘起。

每当恐龙到河边喝水的时候，鳄鱼就把十几吨重的身体藏在水下，水面上只露出一双眼睛，然后，慢慢地接近猎物，伺机发动突然袭击。它用这种方法，使许多恐龙转瞬之间就成为它的美餐，有时，巨型恐龙也难以逃脱这样的厄运。

除此之外，鳄鱼的皮肤上还长有一层片状骨质"盔甲"。

这些"盔甲"不仅像树的年轮一样标志着鳄鱼的年龄，而且还能保护鳄鱼在捕食猎物时免受伤害。

其实，早在20世纪60年代人们就已经知道了这种超级生物的存在，法国地质学家曾经在1964年发现了这种鳄鱼的部分骨骼化石。但由于没有发现完整的头骨，鳄鱼之王的形体特征无法确定。

在1997～2000年，塞利诺的队伍挖掘到三具成年和三具未成年鳄鱼的骨骼化石以及无数的骨头碎块。

发现鳄鱼之王的特内尔沙漠1亿多年前的生态系统与现在完全不同，密布的河流使这样的巨型爬行动物得以生存。塞利诺搜集的化石包括几块约1.8米长的完整古鳄头骨及大量脊椎、肢骨和鳞甲片化石，足以构成一个巨型鳄鱼完整骨架的一半。鳄鱼之王从头到尾都覆盖有坚硬的鳞甲片，每片鳞甲直径约30厘米，并和树木一样长有年轮。

塞利诺发现的鳞甲片化石上有40圈年轮，而1只萨科苏克斯要完全长大需要50~60年的时间。

鳄鱼之王并不是历史上唯一存在的巨型鳄鱼，人们还发现过生活在7000万年前的戴诺苏克斯和1500万年前的兰弗苏克斯。这些巨型鳄鱼化石的发现对生物进化史的研究有独特价值，因为巨型鳄鱼不仅曾与恐龙同时存在，还延续到恐龙已经绝迹的新生代。

不过，就像巨大的恐龙家族一样，并不是所有的古代鳄鱼都像鳄鱼之王一样身形巨大、牙齿锋利有力。

塞利诺在考察中还发现了其他4种不同种类的古鳄鱼化石，它们与鳄鱼之王同时代，但体型相差极大，最小的一种头骨只有8厘米长。不久前，纽约大学的考古学家戴维·克劳斯率领的一支考古探险队在马达加斯加发现了生活在7000万年前的食草陆生鳄鱼——Simosuchusclarki，它有一张短而有力的嘴，有像食草动物——蜥蜴、食草恐龙一样的牙齿。这种牙齿从未在以往出土的鳄鱼化石和现代鳄鱼中看到。

这是至今为止最令人惊奇的发现。不仅因为它是食草的——有一个短得像猪一样的嘴，而且它的其他特征还让人们相信，这是个陆生生物，而非一般的水生鳄鱼。

考古学家通过研究所有这些发现，证明在侏罗纪早期，即2.3亿年前开始在地球出现的鳄鱼家族分化成完全不同的两支：一支在水中，一支在陆地。白垩纪早期出现了与现代鳄鱼相似的古代鳄目动物，它们有与现代鳄鱼相似的头骨，已开始两栖生活。

鳄鱼从白垩纪晚期日趋多样化，大的5米长，小的不足1米，以适应不同

生存环境的需要。鳄鱼之王就是这种分化后期的品种，但毫无疑问的是，它与现代鳄鱼不属于同一个支系。

考古学家认为，建立灭绝品种和现代动植物之间的关系，有助于科学家们研究过去的地理结构。但是，就像恐龙的突然灭绝一样，很难指望人们能确切搞清楚物种是怎样、何时传播开和灭绝的。

难道行星谋杀了恐龙

科学家最近研究发现，地球从形成的一刻起，至少遭遇到了两次天大的浩劫，即被小行星迎面相撞。一次在6500万年前，一颗小行星在墨西哥尤卡坦半岛附近与地球相撞，这次撞击改变了地球的气候环境，称霸一时的恐龙因无法适应环境的变化而绝种，退出了历史舞台。

此后，随着地球的演变，新的哺乳动物开始繁衍生息。另一次发生在2.5亿年前，灾情更为惨重，却同时成就了恐龙时代的开始。也就是说，恐龙在距今2亿年前的兴盛也可能与"行星撞地球"有关。

科学家在2.5亿年前的沉积层里发现巴基球，这是一种呈球状的碳分子结构，并存在于困在里面的太空气体中。

这种结构可能在地球之外形成，所以一定是在地球二叠纪时期，地球曾与某个天体撞击，使地面上的大部分物种毁于一旦。

这个天体的直径约有 10 千米。这次撞击释放出的能量，相当于 20 世纪记录到的最强烈地震能量的约 100 万倍。

一度雄霸地球的三叶虫完全灭绝。这种像蟑螂一样的动物，当时已繁衍出 15 000 个品种，可是无一幸存，地球上 90% 的海洋生物，以及 70% 的陆上脊椎动物全部消失。

这一类"灾变说"一度被一些人否定，人们更愿意相信，人是无可避免地"自然"产生、发展。然而，1939 年，阿尔法日茨终于让科学界相信，是与天体的碰撞造成了恐龙的灭绝。这次新的发现开始让人们猜测，也许已知的 20 多次大规模生物灭绝事件都与这一类灾难有关。

美国和奥地利等国科学家发现了一些新的证据，可以支持他们的上述结论。他们对北美 70 个观测点所发现的恐龙足迹和其他化石资料的分析显示，2 亿年前可能有一"天外来客"撞了地球。分析还发现，在这之后，地球上一半以上的主要物种发生了大规模灭绝，为当时尚属地球"少数民族"的恐龙打开了进化之门，为恐龙的大量繁衍创造了条件，恐龙由此而逐步成为这个星球上的"霸主"，统治地球食物链长达 1.35 亿年，直至又一次外星的撞击才导致了它们的毁灭。

科学家所分析的观测点地层，横跨了三叠纪（距今 2.48 亿~2.08 亿年）和侏罗纪（距今 2.08 亿~1.46 亿年）。他们在研究中发现，三叠纪和侏罗纪交接时期的地层中，元素铱含量出现了异常的突然增高，铱普遍存在于小行星和彗星等天体中，地球岩石中该元素通常较少，铱元素含量因此而被认为是分析地球遭受外来天体撞击的主要"时间标记"，即可帮助人们了解当时地球上发生了什么。把这一证据和古生代、中生代的地球生物状况联系起来，科学家们据此推断，距今 2 亿年前，可能有小行星或彗星与地球发生了撞击。

小行星或彗星撞地球促成恐龙"兴起"并非新的理论，其他一些科学家曾做过类似假设，但却一直未能找到三叠纪和侏罗纪交接时期地层中铱含量异常增高的迹象。美国和奥地利科学家在研究中借助了高分辨率的质谱分析技术，这一技术使他们能以前所未有的灵敏度，对这一时期地层中铱元素的变化进行

分析。一些专家评论说，美、奥科学家的成果，提供了迄今有关该时期地层中铱元素异常升高的首个令人信服的证据。

研究表明，侏罗纪早期，巨型恐龙开始在地球上大量繁殖，而此前正好是一段地球生物大量灭绝的时期。是什么造成了地球生物的大量灭绝呢？科学家曾经猜想，2亿多年前，地球曾受到过外来天体的撞击，使得地球上近一半的物种遭受灭顶之灾，减少了恐龙的竞争对手，从而为恐龙中的幸存者扩展了生存空间，恐龙由此迅速崛起，称霸地球。

如果这一观点成立的话，就太富有戏剧性了：恐龙的兴衰，同样都是天外来客所造成的。

末日来临——生物大灭绝

在白垩纪末期，地球上的生物经历了一次大灭绝。在陆地上，体长超过2米的动物全部灭绝，70％的海洋生物也没有幸免。没有一只恐龙在大灭绝中存活下来。科学家们仍在努力探究其中的原因。

中生代之谜

并没有多少证据可以向我们表明，6500万年前到底发生了什么。大多数科学家认为小行星撞击地球杀死了所有的恐龙，而部分科学家坚持认为是气候的剧变或火山的喷发使恐龙从地球上消失的。

相关证据

为了发现更多关于生物大灭绝的真相，科学家们研究了从白垩纪末期（6500万年前）到第三纪初期这段时期里的岩石。如果记白垩纪为"K"、第三纪为"T"，那么这些岩石来自"K～T"分界期。

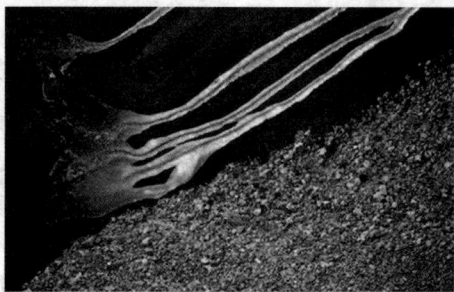

熔 岩 流

在白垩纪末期，世界范围内的火山活动加剧。如在印度，大片的火山熔岩汇成了洪流。熔岩流硬化成为岩石，今天这些岩石能在"K～T"分界期中找到，即著名的德干岩群。

火山致死

熔岩流可以彻底地破坏恐龙的栖息地，也可以杀死所到之处的每一只恐龙。火山喷射出的有毒气体更加致命，甚至可以危害尚在蛋中的恐龙胎儿。火山气体还可以改变气候。科学家们认为这些气体可能使气候变得太热或者太冷，致使恐龙无法在地球上生存。

飞来横祸

大约就在恐龙灭绝的那个时期，一颗直径 10 千米的巨型小行星撞击了地球。科学家们认为，在墨西哥的希克苏鲁伯发现的巨大陨坑就是这颗小行星造成的。更多支持小行星撞击论的证据来自分布在世界各地的含有金属元素铱的"K～T"分界期岩石。铱在地球上属于稀有元素，却在小行星上大量存在。

致命的撞击

大型小行星撞击地球产生的后果足以杀死所有的恐龙。这样的撞击会将熔融的残骸散落在地球的表面，造成全球性的火灾。它也能引起一连串的毁灭性的地震和火山喷发，它们产生的尘埃遮蔽了阳光，带给地球一段长达数年的冰冷且黑暗的岁月。

恐龙公墓引发的震惊

在世界上的一些地区的地下发现了大量恐龙遗骸集中埋在一处的现象，这就是"恐龙公墓"。恐龙公墓是一种自然现象，不是人为形成的。

墓中的恐龙一般会有多种，往往是恐龙生前突然遭遇某些自然灾难而被迅速埋葬形成的。因尸骨埋得快，大量不同品种的恐龙会保持死亡瞬间的状态，所以墓中常保存有非常完整和比较完整的化石骨架。

恐龙公墓很少，而一经发现，立即就会成为轰动一时的新闻。恐龙公墓是恐龙时代留给今天的最有价值的"自然遗产"之一。

比利时伯尼萨特禽龙墓

比利时伯尼萨特有个煤矿，1877－1878 年，矿工在地层深处挖掘坑道时，发现了一些巨大的动物的骨骼化石。经比利时皇家自然历史博物馆的古生物学家鉴定，属植食恐龙——禽龙的化石。

在煤矿里发现恐龙化石已经是一件令人惊奇的事情了，更令人惊奇的是，禽龙的数量很多，竟有 39 只！其中有许多骨架保存得相当完整。人们花了三年的工夫，费了很大的劲才把这些化石从地下挖出，然后送到博物馆进行研究。后经科学家研究，推测禽龙墓是这样形成的：1.4 亿年前，伯尼萨特曾经有一个又深又陡的峡谷。生活在附近的禽龙，有时会被突发的山洪冲下深谷摔死并被沉积物掩盖，然后变成化石。这些禽龙不是在同一时间跌进峡谷的，所以它们死亡的时间不同。这个公墓是经过较长的时间逐渐形成的。

加拿大阿尔伯达尖角龙群葬墓

1985 年，在加拿大的"恐龙之乡"阿尔伯达，竟有数百只尖角龙（角龙的一种）的骨骼化石埋在同一处，其中各个年龄段的尖角龙都有。它们是同时死亡并被埋葬的。

在白垩纪末期，究竟发生了什么事情，使得这么多恐龙同时遇难？

一些古生物学家分析：8000 万年前，一大群尖角龙扶老携幼，浩浩荡荡向远方迁徙，去寻找新的食源。谁知在它们过河的时候，山洪突然暴发，河水水位猛涨，波涛翻滚咆哮，一泻千里。尖角龙惊恐万分，你推我挤，互相踩踏，许多弱者被淹死在河中，并很快被泥沙掩盖，千百万年后变成了化石。

这种情况在今天的地球上并不鲜见。1984 年，加拿大魁北克就发生过 4000

只驯鹿淹死在洪水突发的河流之中的事，其状惨不忍睹。

美国古斯特的腔骨龙墓

1947 年，在美国新墨西哥州一个叫古斯特的农场，发现了一个奇特的恐龙化石"万龙坑"，里面竟有数百只腔骨龙化石骨架，它们横七竖八、杂乱无章地堆积在一起。

这些腔骨龙有上了年纪的，也有年轻和年幼的，它们显然是一个群体（腔骨龙过的是集体生活）。它们是同时死亡并被埋葬在古斯特这个地方的，一定是某种突发性灾难（例如洪水）使这些恐龙死于非命的。

中国四川自贡大山铺恐龙墓

1977 年，在自贡市郊的大山铺发现了一个化石点，面积约 17 000 平方米，现发掘了不到 1/6 的面积，出土了大量的侏罗纪中期的恐龙类及其他共生的脊椎动物化石，因而大山铺就有了"恐龙墓"之称。

大山铺恐龙墓不是只有一种恐龙，而是有多种恐龙，还有其他动物。恐龙中以蜥脚类为主，也有鸟脚类，肉食龙和剑龙。其他动物有鱼类，龟鳖类，蛇颈龙，翼龙及鳄类等。

这些动物的化石骨骼有完整的，有零散的，它们重叠堆积，交错横列在一起。这个"墓"不是一下子形成的，而是经历了较长的时间。动物的尸体多数是从别的地方被水"搬"到埋藏之地的，但搬动的距离不是很远，否则就不会有较完好的化石骨架了。

关于这个恐龙墓的形成，学者们认为可能是这样的：1.6 亿年前，大山铺一带生活着大量的恐龙及共生的动物。当时出现了干燥炎热的天气，生活环境变得非常恶劣，缺水少食，致使恐龙大量死亡。久旱之后往往是洪灾，洪水一来，恐龙的尸体就被冲到一个相对低洼的地方沉积下来，这个地方就是大山铺。

除了四川，内蒙古也有恐龙墓地。

现在，在中国的辽宁义县发现的恐龙化石和同时代的生物遗迹，已经超越了世界任何地方的化石资源，其中包括有羽毛的恐龙化石，以及比德国始祖鸟要早很多的孔子鸟，中华龙鸟的化石，以及在河北省丰宁县义县组发现的唯一一只处于恐龙和鸟类过渡阶段的生物化石——金凤鸟龙的化石，体形已经十分接近现代的鸟类，但是在最后的生物学分类中还是归类到了恐龙，因为它的骨骼结构和解剖学发现更接近恐龙，这也间接证明了鸟类是从恐龙进化而来的。

中国"恐龙的墓地"位于四川自贡。

从 1913～1915 年，一位美国地质学家在四川自贡地区荣县考察，偶尔采集到一节食肉恐龙的股骨和几颗牙齿的化石，并将它们偷偷地带回了美国，消息便在美国传开了，于是引起了美国科学家的注意。

1935 年，美国著名古脊椎动物学家甘颇，开始研究这些存放在加利福尼亚大学古生物陈列馆的恐龙化石。随着他的研究成果的公布，自贡恐龙化石便在世界上声名鹊起。

中国古生物学家杨钟健与甘颇合作，于 1936 年在荣县东门外采集到一具不完整的巨型蜥蜴类恐龙化石，被定为"荣县峨眉龙"。

又过了多年，到 20 世纪 70 年代初，中国地质部第二地质大队科技人员黄建国等人，在自贡大山铺的公路旁散步时，在路边裸露的岩石层中发现了一处异常的岩石，他们仔细地观察，发现这些特殊的石头是一种奇异生物的化石，这就是后来我国著名的自贡恐龙化石。

后经挖掘勘查，于 1977 年 10 月，完成了我国第一具 40 吨重的完整的恐龙化石骨架。此后，自贡地区的恐龙化石不断被发现，使自贡这个名字在地球上名声远扬。

尤其是 1979 年在自贡的重大发现，震惊了世界。那是一个石油作业队在自贡迤西的山坡炸石修建停车场时，一幅惊心动魄的景象呈现在人们的面前：恐龙化石重重叠叠堆积一片……一座巨大的恐龙群族"殉葬地"被发现了。

经初步挖掘，在大山铺出土的恐龙化石 300 多箱，恐龙个体 200 多个，比

较完整的骨架 18 具，极其难得的头骨 4 个。

这些珍品引起国内外科学家们的浓厚兴趣，纷纷赶来进行实地研究，希望能解开恐龙生死存亡的千古之谜。

从恐龙墓地层室的正门进入洞中，你就好像跨入了另一个世界，就像跨入了亿万年前的龙宫群窟。

埋藏厅现场展现了半个足球场大的化石发掘地，这仅是约 1700 平方米化石埋藏面积不足 1/6 的部分，凭栏俯瞰，交相横陈的化石堆十分壮观。恐龙非正常死亡的景象，酷似惨遭杀戮与被活埋的"万龙坑"。

现已从这里采集到较完整的恐龙骨架 30 来具和数以百计的生物化石，近 20 个属种。

一些考古专家和学者们认为，自贡之所以成为恐龙的王国，其原因是 2 亿多年前的一次强烈的地壳运动（印支运动）后，使从海水中隆起的四川盆地形成了极适宜恐龙栖息的得天独厚的自然环境。

从大山铺恐龙化石来看，恐龙并非都是庞然大物。

此地当时有长 20 米、重 40 吨的"蜀龙"，也有仅长 1.4 米、高 0.7 米的鸟脚龙。它们无论大小，都不显得笨重，而且精力旺盛，行动敏捷。

恐龙的智力也比较发达，剑龙类的"脑量商"平均值为 0.56，角龙类为 0.7~0.9，属肉食性的霸王龙和恐爪龙则超过了 5，因为要捕食素食性恐龙，没有较高的智力是不行的。

尽管恐龙的体温比现代哺乳动物要低些，调温机制要差些，但它们不冬眠，没有羽毛，活动速度超过每小时 4.8 千米。所以科学家们认为它们是热血动物，而不是像蛇、蜥蜴一样的冷血动物。

在大山铺恐龙化石挖掘现场 2000 平方米的地面上，凹凸不平的岩石上，半裸着不同类型的恐龙个体。

它们或身首分离犬牙交错，或肢残骨碎，甚为壮观。

据测算，这些恐龙都是在 1.6 亿年前因地壳的突然变化而被埋藏在这深山地层里，在缺氧条件下，经泥沙、岩石的固结、充填、置换等石化作用，而形成了现在所见到的样子。那么，是什么原因使恐龙集体死亡于此呢？

这次大的地壳运动使四川盆地在原来的位置上继续隆起，浅浅的山丘开始出现，大地的干裂使水枯林竭。

而自贡地区地势低洼，是一处大的汇水池，使恐龙漂集于此，直至死亡。

也有一种观点认为，在白垩纪末期，整个地球发生广泛性寒冷，日夜温差增大，季节出现。习惯热带环境的恐龙，不能像蛇、蜥蜴那样进行冬眠，又不能像毛皮动物那样躲进山洞避寒，因而这些地球霸王们受到大自然的惩罚而毁灭。

还有人认为，是天外一颗超行星爆炸后，其强光和巨大的宇宙射线引起恐龙的遗传基因变异而致灭绝。

还有一种理论认为，是一颗小行星撞入地球的大海之中，海水升温，并掀起 5 千米高的巨浪，使恐龙被埋入泥沙之中。

另有专家认为，大山铺恐龙化石里砷含量过多，可能是恐龙吃了有毒的植物而暴死。上述这些观点都有各自的道理，但是成百上千的恐龙死在一起，这的确是一个谜。

尽管当今世界各地都不断地收到一些发现活"恐龙"的消息，但在恐龙之乡的自贡市，却永远也不会有活着的恐龙存在了！因为这里的山丘，不再是恐龙适宜生存的场所，而只是一个埋葬 1.6 亿年前恐龙遗体的坟墓。

目前，在这里，人们也只能寻找到更多的恐龙化石。

自贡恐龙化石的发现，在对恐龙为什么灭绝的研究上，起着巨大的积极作用，因而美国以及一些国际的地质和古生物学术代表团的专家们，在考察大山铺恐龙化石群后说："这是近 10 年来世界恐龙发掘史上最大的收获。"他们称中国是"恐龙财主"。

嘉荫县是黑龙江流域的一个边境小县，在哈尔滨市东北方向为 500 千米处。黑龙江从县城边沿缓缓流过，茂密的森林将全县紧紧包围。

如果没有 100 多年前的一次偶然发现，嘉荫县也许至今还不为人们所知。

1902 年，俄国的一位上校军官偶然在嘉荫县的龙骨山上发现了一些动物骨

骸化石，感觉很特别，于是将其掘出并带回俄国。

这些化石一经发现，立刻引起了一些古生物学家的关注，经过反复研究鉴定，化石最终被确定为恐龙化石，这就是中国的第一具有科学研究价值的恐龙化石。此后，嘉荫县先后出土了 10 具恐龙化石，这里也因此获得了"中国恐龙之乡"的美名。

时间到了 1991 年的夏天，刚被任命为嘉荫县副县长的原黑龙江省地矿厅工程师刘春山在离县城 100 千米的乌拉嘎镇调研时，听人说当地的农民在挖沙子时挖出了一个大骨头堆，样子很是吓人。

那人还说，骨头堆的发现地有 20 多米高，地层一层层的非常清晰，而骨头化石就在地层中部地带埋藏着。听到这些信息，刘春山心里一惊，凭着多年的工作经验，他马上意识到这些"骨头"有些不寻常，于是立即赶赴当地进行实地勘察。

在采沙坑上，刘春山看到了一些露出地层的巨大骨骼化石，那些露出头的骨骼非常特别，巨大、黑褐，不像以往看到的任何普通化石。他马上联想到了恐龙骨，感到这些东西至少是有研究价值的，于是马上叫人对这一地区进行保护，并向当时的黑龙江省地矿厅作了汇报，请求上面派专家进行研究。

黑龙江省地矿局地质博物馆馆长邢玉玲就是最早被派往乌拉嘎地区的研究人员之一。

她和其他两名专家赶到乌拉嘎化石现场后，认定这些化石是一些脊椎动物的化石。此后 5 年里，邢玉玲等多次到当地查看地层剖面，研究地质沉积年代，进行了化石采样。

据邢玉玲介绍，那个时候，拖拉机已经把上面的一层砾岩推掉了，在地表拿锤子一挖，化石就露出来了，有肩胛骨的、肋骨的和腿骨的等。由于化石比较碎，她就从中取了几块，拿到中国科学院的古脊椎与古人类研究所，请专家进行鉴定，鉴定结果表明，这些化石就是恐龙化石。

随后，当时的黑龙江省地矿厅又请来了国际著名恐龙学家董枝明，经他进一步鉴定后认定，这些化石是鸭嘴龙的化石。

嘉荫县发现了恐龙化石的消息一经传出，就引起了人们的极大兴趣。

但由于当时恐龙化石发掘的技术条件还不够成熟，地矿部门决定暂缓发掘，等待时机成熟后再行动。

2002年7月，黑龙江省国土资源局地质博物馆派出于庭相、余福林、海树林、周忠立等四位工程师，再次对乌拉嘎地区进行深入调查，并决定对当地恐龙进行发掘。

在当地人的帮助下，专家小组清理了两个总共约40平方米的长方形化石坑，部分已露出地表的黄褐色的恐龙化石密密麻麻地交错、堆积如山。专家们被眼前壮观的情景深深震撼住了。

这个恐龙"墓地"以鸭嘴龙为主体，化石中既有它们珍贵的头骨、椎骨和大量肢骨，又有霸王龙类的精致细小的牙齿，还有甲龙类的骨骼和皮甲的印记化石。

大的股骨化石有1米长，骨头特有的纹理清晰可辨，小的牙齿类化石只有几厘米。在化石堆里还散落有一些长约20厘米的恐龙下颌骨化石，一道道的牙床的印痕历历在目。

专家们认为，这里至少堆积着二三十具恐龙的尸骨化石，在这么一小块地方发现如此密集的恐龙化石，就是在世界范围内也不多见。

从许多化石的大头向下、小头朝上的堆积方向可以看出，应该是受到了某种外来力量的作用而形成的，所以可以推测，当时这里很可能发生过大洪水，其巨大的漩涡使恐龙的尸骨如此排列。

由于部分骨骼化石被风化得比较厉害，专家对所有已暴露出地表的化石进行了抢救性保护，用石膏和胶水为其涂抹了保护层。

他们还对与恐龙化石同时发现的大量植物化石和一些水生动物化石也进行了细心保护。据悉黑龙江省有关部门已决定，将把这些恐龙化石掘出地层，以利保护和供科学家研究之后，还将在周边范围内进行更大规模的发掘行动，以图更大的新发现。

2002年9月，一项预计为期四年的世界性前沿研究课题在黑龙江省嘉荫县

展开，这里的地层连续性、完整性较好，古生物化石丰富多样，来自中、美、英、俄、德、日、韩7个国家的世界优秀科学家，对这里的地层剖面和古生物化石情况进行实地研究，以寻找一部能详细记录恐龙灭绝前后生物演变发展的"不缺页史书"。

他们试图在这里弄清6500万年前地球生物大灭绝前后古生物群在变化的地球环境中是如何突然灭绝和复苏的。科学家们还将在200多米厚的地层剖面中寻找只有几厘米厚的白垩纪与第三纪分水岭即"K～T"界线，这条线是那次生物物种突然大灭绝的时间"点"。它能完整记录恐龙和其他古生物物种突然灭绝的原因，其后一些生物物种迅速复苏的过程，以及这些重大事件发生时的地球环境背景等信息，可以帮助我们详细了解6500万年前地球上究竟发生了什么惊天动地的事。

恐龙复活的联想

一般所见到的恐龙蛋化石，它们的外壳和蛋腔都已经完全石化。1993年初，河南郑州一位收藏家所收集的一枚化石却十分特殊，这是从河南省西峡县发掘出来的晚白垩期C型恐龙蛋化石。

它的外壳坚硬，扁圆形完整无裂隙，直径9厘米。这枚恐龙蛋化石，在一次意外中被摔成了两半。收藏者从破碎处发现，在硬邦邦的外壳内，包裹着一种灰褐色絮状的软物质，而且显得潮湿。

经初步鉴定，恐龙蛋中的"特异"絮状物，主要是硅酸盐黏土矿物。人们把这枚恐龙蛋化石保存在地质博物馆内。北京大学生命科学院的一位教授，从这枚"特异"化石中取了约20毫克的絮状内含物，做了两项实验：在电炉上灼烧1分钟，然后放在显微镜下观察，发现被灼烧的一部分絮状内含物，局部已焦化了，但不能燃烧，实验证明其中含有机物；而经化学分析，絮状内含物里面竟含有0.5%～1%的氨基酸。

1995年3月15日，新华社在北京披露了一条重要的消息：北京大学的一批科学家，利用近年来建立起来的分子生物技术及实验设备，证实这枚"特异"的恐龙蛋化石中确实有DNA存在，并成功地获得了6个恐龙基因片段。这是人类第一次从恐龙蛋化石中获得恐龙的遗传物质。

大家知道，自从19世纪后期，在法国南部第一次发现恐龙蛋化石以来，在世界其他国家和地区及我国，陆续有恐龙蛋化石的出土，但从这些埋藏千万年的化石中寻找到存活的生物大分子，却是史无前例的。因此，最后结论如何，需要非常慎重，还需要得到国际学术界的承认，才能作出定论。

也许有人会问，基因是储存、记载生物遗传信息功能的单位，现在，既然已从恐龙蛋化石中获取了恐龙的基因片段，能否在此基础上再复制出活蹦乱跳的小恐龙呢？

科学家的回答是否定的。因为要复制出一条活的小恐龙，最起码的条件是必须弄清楚恐龙有多少个基因，譬如说是几千个还是几万个？目前这还是个未知数。

现在，即使已获取少量的恐龙基因片段，但与整个恐龙基因相比，仅仅是"沧海之一粟"。

假如恐龙能活到现在

加拿大古生物学家拉赛尔推测，恐龙如果未绝灭，白垩纪末最聪明的恐龙——窄趾龙将会进化成"恐人"，即由恐龙进化成类人动物。它们将是今天地球的统治者。如果恐龙的进化真的成了事实，作为哺乳动物一员的人类（也就是我们）可就没有戏可唱了。

古生物学家狄克逊则对其他恐龙的进化方向作了有趣的推论。他认为，环境改造动物是可以预测的。恐龙如能幸存至今，它们将会随着气候和地理的变迁，也就是说环境的变化，其外貌、习性等也会跟着进化。

人们所知道的白垩纪末的许多恐龙，如果演变至今，将会面目全非，与其祖先的模样大相径庭。当然也有极少数恐龙由于所处生活环境在 6500 万年间一直变化不大，因此进化也不很明显，基本保持着祖先的样子。

毫无疑问，也有些恐龙，因不能适应环境的变化而被大自然所淘汰。狄克逊所塑造的现代恐龙有十几种。

独角龙是著名的三角龙的后代。虽然头上的角只剩下一个，但勇猛凶悍仍不减当年，是大型肉食恐龙后裔的死敌。它们生活在北美大草原上。树爪龙的祖先是白垩纪末的一种小型肉食恐龙，现在是北美丛林的"强盗"。皮肤上长有斑点，如迷彩服一般。爬树如履平地，专吃小动物。食蜂龙是树爪龙的表兄弟。长有窄长的硬嘴，能深深地伸进蜂巢中，将巢中的野蜂吃掉。

游龙和科伦龙是从翼龙变化来的。游龙完全适应了南大洋冰凉的水中生活，身体呈流线型，皮下有厚厚的脂肪层，多少有点像企鹅。沙漠龙的祖先是两足行走的、行动敏捷的虚骨龙类，但现在它的形态已与祖先不大相同，身体成了流线型，尾巴只有不长的一小段，四肢变短像铲子，能在沙漠里打洞，这是适应沙漠钻洞生活的结果。它是沙漠里的肉食动物。

维伦龙也是虚骨龙的后代，它的前肢退化了，后肢还保留着，但已很短。它的体形像个大蚯蚓，靠起伏蠕动在沙中钻洞，以扑食小动物为生。

类鹋龙和五彩龙是翼龙的后代。类鹋龙的翅膀由皮膜构成，与已绝灭的祖先相似，但头与哺乳动物完全相同，以捕食小动物为生。

五彩龙的双翼已退化得很小，不能飞翔。后肢变长如走禽，能像鸵鸟一样大步流星地飞跑。它们成群地生活在热带大草原上，它们以植物为生。

假如恐龙能活到今天，地球上的主要生活领域就会仍然为它们的子孙所霸占；相反哺乳动物的进化会受到它们的抑制。

万物的生生灭灭

恐龙曾经是地球上很成功的物种。它在地球上占统治地位的时间长达1亿多年之久。

地质史的中生代，大约距离现在2.2亿至7000万年前，地球上气候暖和，地壳运动比较平衡，裸子植物，如松、柏、苏铁、银杏等长得非常茂盛，陆地上河流纵横，湖泊广布，有大量动植物供古代爬行动物食用。这是地球史上爬行动物大发展的时代。

陆地上有各种各样的恐龙，有的身长 20～30 米，身高 3 米多，体重 150 吨，真可谓是动物界的庞然大物。海中有鱼龙，空中有翼龙。因为这时爬行类在动物中占有绝对优势，所以中生代被称为"恐龙的时代"。特别是庞大的恐龙，它占有十分突出的地位。

但是，大约在 6500 万年前，曾经独霸世界的恐龙等古代爬行动物突然消失了。

恐龙是怎样灭绝的？这在科学上至今仍是一个谜，人们于是提出各种各样的说法，说明恐龙的消失。所有这些说法，都仍然是一种假说，或者猜测。这仍然是需要科学家深入研究的问题。

还有一个问题是，恐龙的灭绝是进步，还是退步呢？

地球生物史已经表明，古代爬行动物恐龙灭绝了。但是，这不是一切生物的灭绝，如它发展为现代爬行动物，特别是发展为更先进的哺乳动物。这只是恐龙等古代爬行动物在动物界的优势地位的丧失。这种地位被哺乳动物取代了。因此，这是生物的进化，是进步，而不是退步。

这里有一个更深层的问题，这就是我们应当怎样认识"灾害"？

恐龙灭绝，不管是什么原因，可以归结为地球上出现过一次重要的灾害，即自然界发生了不适宜恐龙生存的变化。

地质学关于地球史的研究表明，在所有地质史不同时代的交界面上，都发现大量动植物的种类灭绝，同时又有大量新的动植物物种产生。这是由于在这个时期发生了重大的"地球灾变"。这种灾变引起旧的物种大量灭绝，同时新的物种大量产生。如恐龙的灭绝发生在大约 6500 万年前，这是地质史上中生代与新生代交替的时期。地质史表明，这个时期发生了一次地球重大灾变。它不仅使恐龙灭绝了，而且 90% 的其他物种也灭绝了。

我们应该如何评价"地球灾变"？它对于恐龙等古代爬行动物来说，当然是灾害，并导致它们灭绝。但是，对于整个地球生态系统来说，就不仅仅是这样了。

过去的生物学主张"渐变论"。如达尔文学说就是用渐变论来解释生物进化的，即生物的"生存竞争→自然选择→生物进化"。有的人甚至说"灾变论是反动的"。甚至在很长的时期里"灾变论"是受尊重的研究成果中禁止使用的一个词。

但是，地质史的事实表明，地球上曾发生过多次重大灾变。它对生物进化和生态系统进化起了重大的作用。

实际上，地球的地质运动有渐变的时期，也有灾变的时期。渐变时期，环境变化不大，生物进化具有渐变性和连续性；灾变时期，环境急剧变化，物种大量灭绝，生物进化出现间断性。达尔文的学说适合渐变时期，"灾变论"则适合地球灾变的时期。

按照生物进化的过程：地球灾变→物种灭绝→生物进化。

在达尔文学说中，自然选择引起生物进化同时被淘汰的生物灭绝。这里物种灭绝是进化的结果。

在灾变论中，灭绝是进化的原因而不是结果。不是进化导致灭绝，而是灭绝导致进化。也就是说，地球灾变使生物灭绝，同时导致生物的进化，新的物种产生。

这么说来，地球灾变，或灾害，对生物进化和生态系统进化有重大意义。

第一，灾变引起了某些生物灭绝，从而让出生存的舞台，为新的物种形成和扩展提供了空间；第二，灾变改变了环境，产生了新的生态环境和新的物种发展的机会，从而为灾变中幸存的物种发育出新物种；第三，灾变这种剧烈的变化，促进生物基因突变，从而为更多的新物种提供产生的机会。如 6500 万年前的地球灾变，这是一次地球环境的"彻底变化"。统治地球达 1 亿多年之久的恐龙等古代爬行动物不能适应这种变化，结果灭绝了。但是，它使更先进的哺乳动物获得了发展。哺乳动物适应这种变化，从而逐渐代替了恐龙的优势地位。

因而正是恐龙的灭绝，开始了哺乳类动物的大发展，以及灵长类动物的进化，从而才有了人类的产生。这是生命世界的飞跃性的进步。同样正是灾变使裸子植物大量死亡，才有更先进的被子植物的大发展，并代替裸子植物的优势地位。

总之，地球灾变，由于有巨大能量释放出来，它使地球自然环境和生态过程发生"彻底变化"，大批物种灭绝，表现了生物渐变过程中断；同时，大批新的物种产生和繁荣，产生了新的生物进化过程，以及生态系统发展的新阶段。

在这里，地球灾变，对于恐龙等古代爬行动物来说，它是"害"，这种灾害终于使它们在地球上灭绝了。但是，对于更先进的哺乳动物来说则是利，它为新的生态系统的发展创造了机会。说白了，灾害是生命进化和生态系统发展的动力，或者它是生态进化的形成，导致不同生态系统的交替。这里"灾害"是作为生物进化的因素，以及是作为生态系统演化的机制表现的。这具有非常重要的意义！

恐龙是一群中生代的多样化优势脊椎动物，支配全球陆地生态系超过1亿6千万年之久。最早出现在2亿3000万年前的三叠纪，灭亡于约6500万年前的白垩纪晚期。

大灭绝之后的幸存者

并非所有生物都被"K～T"分界期的大灭绝抹杀。小型蜥蜴、鸟类、昆虫、哺乳动物和蛇都存活了下来，虽然所有的恐龙都灭绝了，科学家们仍对为什么一些生物存活而另一些灭绝的原因抱有怀疑。

小生还者

科学家们认为体型相对较小的动物从大灭绝中存活下来的一个原因是它们的饮食习惯。小型动物的食物构成非常复杂，而大型动物往往依赖某种固定的食源。如果这种食源灭绝了，以之为食的大型动物也将面临灭绝。

新 生 命

地球上每次生物大灭绝之后，紧随其来的都是物种进化的大爆发。中生代之前的二叠纪以造成95%的地球物种大灭绝而告终。这次大灭绝导致了恐龙的进化，而恐龙的消亡则给其他动物的发展留出了空间。从此，哺乳动物和鸟类在地球上兴起，发展演化成许多不同的种类。

中生代哺乳动物

哺乳动物大约在2.03亿年前出现，但与恐龙相比，它们只是矮小的物种。最早的哺乳动物能够存活下来的原因是它们体型很小，并且大体上只在夜间活动。与恐龙不同，哺乳动物在中生代并没有太大的变化，在超过1亿年的岁月

里，它们始终保持着矮小的个头。

哺乳动物的崛起

恐龙消亡之后，哺乳动物逐渐进化直至占据了地球上几乎每个角落。一类以昆虫为食的哺乳动物进化成为蝙蝠，它们长长的趾骨之间长出了翼状的表皮，使它们能够飞翔。一些陆生哺乳动物迁徙到了海洋，为了适应水生生活演化为流线型的身体。它们中的一些依旧以昆虫为食，另一些则转为草食或肉食来适应环境。

人类的起源

有一类哺乳动物被称为灵长类，它们在树上生活。经过几百万年，灵长类进化成猿，然后又进化成为人类。最早的人类出现在距今 230 万年前。相比曾经统治地球长达 1.75 亿年的恐龙，人类在地球上还只是存在了很短的一段时间。

恐龙并没有绝种

包括恐龙在内的爬行动物，绝大多数都未能逃过 6500 万年前的那场大劫难，而成为历史长河中的匆匆过客。

但也有少数的成员，它们"命大"，从中生代一直繁衍至今。这些成员仅有四类：龟鳖类、鳄类、有鳞类（蜥蜴类和蛇类）以及喙头蜥类。这些爬行动物没有同恐龙一起灭绝而一直活到今天，究其原因，可能与它们对环境有较强的适应能力有关。

蜥蜴类和蛇类在今天地球上的爬行动物中非常繁荣。它们生活的范围比较广阔，从热带到温带都能见到它们的身影。蜥蜴在地球上的出现比恐龙晚得多，大约在侏罗纪的后期才演化出来。到白垩纪初，有的蜥蜴为了适应特定的生活环境逐渐失去了四肢而演变为蛇。

龟鳖类爬行动物（特别是龟）也是一类活得不错的恐龙的亲戚。它们的资格相当老，自三叠纪中晚期出现后，至今长盛不衰，而且秉性十分保守，近 2 亿年来，身体的基本结构变化不大，始终穿着厚厚的铠甲。

它们作为一个物种，如此长寿，很大程度上是因为有这身坚固的外壳。龟的外壳很笨重，背着挺沉的，而且行动很不便；但在保命方面，堪称世界一流的防御工事。

在现生爬行类中，只有鳄类与恐龙的亲缘关系最近。鳄类大约与恐龙同时出现，在中生代虽属"二等公民"，但却是一类唯一能与恐龙匹敌的动物。它们冷眼看着恐龙及其他亲戚们一个个地灭种，自己却奇迹般地活到今天。

恐龙在世的亲戚，除了这三类外，最后一类为喙头蜥。喙头蜥在地球上的

数量很少,被称为"活化石",苟延残喘地生活在新西兰南部荒僻的半岛上,目前正处在人类的严密保护之下。

喙头蜥是蜥蜴的近亲,体长 60 厘米,模样有点像蜥蜴。它是现存爬行动物中资格最老的一类。三叠纪早期它们的祖先就已活跃在地球上了,2 亿年来,样子基本上没多大变化。在喙头蜥面前,恐龙、鳄类、蜥蜴类及龟鳖类,都只能算是小字辈。

恐龙的直系后代——鸟类

通过比较已知最早的鸟类和小型兽脚类恐龙的骨骼化石,科学家们得出结论:鸟类是恐龙的直系后代。鸟类和恐龙有如此多的相似之处,因而许多科学家把鸟类称为"鸟恐龙"。

共有特征

古生物学家们认为,鸟类是从一类称作驰龙的恐龙进化而来的。这种恐龙拥有鸟类的特征,包括中空的骨骼和长有长羽毛的前肢。

驰龙和鸟类还长有相似的腕关节。驰龙的腕关节使它们能够折叠前爪紧贴臂部,以保护爪上的羽毛。而鸟类在扑打翅膀时有同样的动作。

早期鸟类

已知最早的鸟类是始祖鸟，出现在侏罗纪晚期。古生物学家视始祖鸟为恐龙和鸟类中间的分界点。和恐龙一样，始祖鸟长有长长的、由骨节连成的尾部，并长有尖利的牙齿和纤长的弯爪脚趾。但是，它的特征相对更接近现生鸟类，并已进化出飞行的本领。

进化的断链

某些化石，如在中国发现的白垩纪时的孔子鸟，揭示了中生代似恐龙鸟类是如何逐渐演变成为现生鸟类的。与现生鸟类不同，孔子鸟的翅膀上长有爪子，也没有现生鸟类特有的扇状尾羽。但它长有和现生鸟类一样的脚趾，令它能够栖停在树枝上。孔子鸟也是已知最早长有无齿喙的鸟类。

学习飞行

古生物学家对于鸟类最初是如何起飞并飞行的不太确定。有的认为鸟类进化出翅膀，帮助它们从一棵树滑翔到另一棵树，然后才进化出了拍翅飞行的能力。另一种理论则认为，鸟类在陆地上助跑然后跳起来扑食猎物，在这个过程中它们学会了飞行。最新的一种观点是，它们起初是为了爬上斜坡而拍打翅膀的。

成功的物种

如今，世界上生活着超过 9000 种的数千亿只鸟。鸟类是数量最多、种类最丰富的动物之一。它们全是小型兽脚类恐龙的后代，这一点让人难以置信。

关于恐龙的争论

19 世纪，恐龙的概念在欧洲已十分流行。一些关于恐龙的论著引起了大众丰富的想象力。当时出版的自然史书籍，都经常加插恐龙插图。

当禽龙的研究在欧洲盛行时，很多化石发掘者的注意力则转移到了北美洲。这中间还引发了一场"骨头战争"：耶鲁大学的古生物学教授奥特尼尔·马殊和宾夕法尼亚州费城的科学家及化石搜集家爱德华·科波之间为发掘恐龙化石而动用武力的争夺。很多恐龙化石因此被毁坏，但他们也做了点好事。

他们都想尽快将找到的东西在博物馆展出，于是想出一种发掘恐龙化石而不会损坏它们的方法，他们让每块骨头仍部分埋在岩石里，用熟石膏盖住，然后，将仍埋有骨头的岩石切割成块，运回实验室再取出。这种技术至今仍为人们所采用。

自骨头战争后，发掘恐龙化石的活动已扩展到各大洲了。20 世纪初，在加拿大有很多发现，特别是在阿尔伯达省。这一工作是由美国化石发掘者巴南·布朗带头，后继者为史腾堡父子。他们寻获的恐龙骨骼摆满了纽约、渥太华和多伦多的博物馆。

接着，非洲成了发现恐龙化石的中心。在 1909～1929 年，德国和英国的探险队相继在现今为坦桑尼亚的地方找到了类似在摩利逊地层发现的恐龙化石。在 20 世纪 20 年代，美国探险队在蒙古找到了多种恐龙化石，包括最早发现的恐龙蛋。20 世纪 70 年代和 80 年代，在蒙古、中国和南美洲，都发现了宏伟壮观的恐龙化石遗址。近期在美国、加拿大、英国、格陵兰、澳大利亚和南极洲，也陆续有新的发现。

时至今日，古生物学家仍可能到被认为能找到恐龙骨头的边远地点去探索。一次发掘恐龙的探险，可能要花费几十万美元，为此要花上很长时间去说服政府，请求支持。政治可能也是个麻烦——恐龙化石基址也许会坐落在一些有内战的国家，或使相邻国家的民族发生矛盾冲突。这些国家对于外国人在他们的土地上发掘会产生怀疑，如 1977 年到尼日尔的国际古生物学探险队的科学家，就是在尼日尔的一所监狱中度过圣诞节的，因为当地人不相信他们只是发掘化石。

恐龙未解之谜团

古生物学家第一次发现恐龙化石不过是一个半世纪以前的事，到了 1842 年，恐龙化石已发现得相当多了，人们只好把这种古代动物单列一个目，英国科学家欧文用希腊语把这种丑八怪命名为"可怕的蜥蜴"，中文翻译为"恐龙"。

科学家们推测，大约在 2 亿年前，地球上到处阳光灿烂，南北两极没有皑皑白雪，赤道带上更没有漠漠黄沙。植物欣欣向荣，动物生生不息。

主宰这个迷人世界的就是庞大的爬行动物——恐龙。

恐龙在地球上繁衍了 1.6 亿年。可是不知为什么，在 6500 万年前，250 种

恐龙突然灭绝了。

和恐龙一起遭殃的还有一些其他动植物。德国古生物学家埃·汉尼克曾形象地描绘过这地球史上最令人费解的一页："世界的面貌霎时发生剧变！小生物的典型代表以及主宰海洋和大陆的大型脊椎动物莫名其妙地退出了生命的舞台……"

达尔文说过，要想弄清楚物种绝灭的原因，首先应知道它们过去是如何发挥自己的优势而生活的。

恐龙是怎样生活的呢？这些当时地球上的主宰者，究竟是变温动物还是恒温动物？它们是一些呆头呆脑的傻瓜，还是行动敏捷、精力旺盛的大地骄子？尽管时过境迁，但科学家们通过艰辛地研究，为我们描绘出了恐龙昔日适应环境的生活本领和养家度日的艰难历程。

长期以来，人类总认为，恐龙既然属于爬行动物，自然是变温（冷血）动物。然而，近些年来，美国哈佛大学的巴克等人，经过系统而深入的研究后认为，恐龙不是低能的变温动物，而是恒温动物。

尽管恐龙的体温比现代哺乳动物的体温低一些，调节体温的机制要差一些，但大量的事实却有力地支持了这一新见解。特别是对恐龙骨骼组织的研究结果，从根本上动摇了人们关于恐龙的传统概念。

巴克研究的主要项目是：恐龙化石在时空分布上的比较研究，食植物恐龙和食肉恐龙在群落中所占比例的研究，以及恐龙群体生态学的研究。

这些项目的研究成果，使巴克的新见解获得了较多的支持。特别是骨骼组织的研究中发现，凡变温动物能量转换速率低，因此骨骼上的血管密度低，钙磷迅速交换的场所——哈弗斯血管少。

当它们冬眠时，由于生长变得缓慢，就会出现疏密不等的、与树木年轮相似的生长环。显然，恒温动物则没有生长环。

巴克在骨组织的研究中发现，恐龙的骨骼中，有较丰富的血管和较多的哈弗斯氏管，且血管密度比某些哺乳动物还要高，也没有发现过生长环，证明恐龙没有冬眠过。

因此，巴克认为恐龙不是低能的变温动物，而是有很高的体温和获得了恒温装备的"内热"动物或者恒温动物。

恐龙有智力可言吗？现在许多新的发现证明，恐龙并非以往描述的那种头脑简单、四肢发达的愚笨之物，相反恐龙中的许多种类是行动敏捷、精力旺盛的大地骄子。

从恐龙化石的研究中知道，恐龙庞大的躯体与较小的脑子相比，确实小得无法可比。

但是从动物进化的解剖学上去分析，任何一种大的脊椎动物与其有关的小的脊椎动物比较起来，都有一个相对较小的脑子。这是因为，脊椎动物躯体大小的增长快于脑子大小的增长。

许多生物学的材料证明：脑子增长的速度大约只等于身体增长速度的2/3。

由此看来，大的动物与较小的动物比较起来，只需要相对来说是较小的脑子，就可以与小动物一样，承担同样的任务。这样，包括恐龙在内的爬行动物有相对较小的脑子就不足为奇了。

那么，恐龙的智力又是如何确定的呢？它是应用数学的方法测量恐龙的"脑量商"（简称 E. Q. ）而求出的。

"脑量商"是指现生的爬行动物的平均脑量，按照一定的计算方式算出来的每一种恐龙脑量相比较而得出的比率。因此，"脑量商"是测量所有恐龙脑量大小的一把尺子。

有了 E. Q. 这把进行定量研究的尺子，我们完全可以按照各类恐龙 E. Q. 的平均值的增长来排列、区分主要类群的智力。

研究发现，恐龙 E. Q. 的平均值大小与其食性、行动的敏捷程度息息相关。比如雷龙和它的同类是恐龙中有名的庞然大物，但它们的 E. Q. 是比较低的，

只有 0.2～0.35，因而行动迟缓，灵活性差；逃避敌害的唯一办法是依赖巨大的身躯，或者躲进池沼或湖泊中，免遭皮肉之苦。

恐龙和哺乳动物一样，吃肉的总比吃植物的有更高的脑量商。如以凶猛著称的霸王龙和它的同类的 E. Q. 已达到 1～2。更有甚者，窄趾龙和恐趾龙的 E. Q. 已经超过 5。以恐趾龙为例，这种貌不惊人的小个子，站起来只有 1 米多高，从头到尾也不过 3.5 米，但它的前后肢上都装备有 3 个大的利爪，遇到猎物时，只需一条腿直立，三脚齐出，借助利爪，向对方猛扑过去，动作之迅猛远远超过了霸王龙。这一点不仅表现在体质形态上，从 E. Q. 大于霸王龙三四倍上也体现出来了。

可见，E. Q. 不仅是恐龙智力的尺度，也是它们生活习性的具体反映。从 E. Q. 的差异上也使我们相信，恐龙并不是天生的笨蛋，能在地球上度过 1 亿多年的生涯，这最有说服力。

马门溪龙是典型的草食性恐龙，它和其他恐龙一样，庞大的体驱配以细小的嘴巴简直不能成比例，因此，有人估计，像马门溪龙，每天需要进食 300 千克方能维持生命，而狭小的口腔和稀疏的牙齿，无法适应这么多食料的加工，即使 24 小时都在那里咬嚼吞咽，恐怕也完成不了填满肚皮的任务，何况恐龙还要行动、睡眠和休息，该如何解释呢？

其实，这样简单的推论，不能说明问题。因为动物进食的目的是为了补充能量的消耗。

同时，爬行动物的新陈代谢作用，远不及哺乳动物那样旺盛，食物的需要量也必然低于哺乳动物。况且，能量的补给与食物的营养价值密切相关，营养价值高的食物，少量进食也就够用了。

马门溪龙生活的沼泽地带，除了丰盛的水草外，还有大量营养价值颇高、富含蛋白质和脂肪的各种藻类。生活在这样得天独厚的环境中，何愁填不饱肚皮呢？

一般而言，食肉性恐龙都比较凶猛，且具有尖牙利爪，是它们捕获猎物的有力工具。

被捕猎的对象，大都是草食性恐龙，或那些缺乏抵抗能力的小型食肉性恐龙。在众多的食肉性恐龙中，霸王龙具有一定的代表性。霸王龙，顾名思义，它是恐龙家族中名副其实的"暴君"。

一头最大的霸王龙，起码相当于 3 只大象。霸王龙的最大特点是头大、嘴大、牙齿大。

由于它的下颌关节远远靠在头的后部，当嘴张开时，像篮球那样大的物体，可以毫不费劲一口咬下。特别是那细密而锋利的锯齿状的牙齿，使许多小型恐龙望而生畏，只要碰上霸王龙，凶多吉少。因为霸王龙强壮的后肢，能健步速行，短小的前肢，灵活如手，即使被捕对象想溜之大吉，也逃不出它的魔掌。

今天还会不会有恐龙

现在还有恐龙存在吗？这一问题是不是显得过于荒谬？确实，绝大多数科学家都相信这种大型爬行动物早在 6500 万年以前就已经灭绝了。

然而，一些偏远地区有关恐龙的目击案却层出不穷！一些科学家、探险家以及自然科学作家试图搞清这些"不可信"的事件，如有可能，还想做一番研究。

所有这些调查大多集中在一种传说中的叫作"莫克雷—莫比莫比"的动物，从其描述看像是一种类似于蛇颈龙的动物（蛇颈龙是一种体型巨大的以植物为食的恐龙，有长长的脖子和尾巴，小脑袋，大肚子，像树桩一样粗壮的腿。梁龙、雷龙等就属于蛇颈龙）。最早关于这种动物留下的形如盘子的巨大的脚印的记载，是1776年在中西部非洲的法国传教士留下的。

在后来的两个世纪中，传教士、殖民官员、猎人、探险家以及土著人所记载的怀疑有这种动物留下的脚印，与上述情况基本相同。

近几年来，几乎所有的目击报告都来自中非跨刚果河两岸的刚果共和国内偏远的利夸拉沼泽地区。

芝加哥大学的生物学家罗伊·麦克尔于1980年和1981年两度率探险队到达那里，第一次去的时候还有爬行动物学家小詹姆斯·鲍威尔同行，后者在中西非进行鳄鱼研究时听说了"莫克雷-莫比莫比"的故事。两次探险均没有看到实物，但麦克尔与同伴们访问了许多当地的目击者。

这种令人谈之色变的可怕动物据说生活在沼泽与河流中。

1959年，当地的俾格米人曾在泰里湖附近杀死过这样一只动物。

麦克尔的探险队没能到达偏远的泰里湖地区，但由美国工程师赫曼·雷格斯特斯率领的一个探险小组成功地到达了该地区。

雷格斯特斯与他的妻子基娅·范·杜森声称他们几次看到了巨大的、长脖子动物，它们既存在于泰里湖的水中，也存在于周围的沼泽中。

刚果政府的生物学家马塞兰·阿格纳格纳，曾经是麦克尔第二次探险的成员，也于1982年到达该地区并看到了一只这种动物。

然而不管是雷格斯特斯，还是阿格纳格纳都说由于照相机出毛病未能拍到这种神秘动物的照片。此外，还有一个由英国人、两个由日本人组成的探险队先后三次到该地区探险，但并没有发现什么。

非洲地区的其他恐龙

当雷格斯特斯在泰里湖地区时，他听到了一个离奇的故事。当地人告诉他，几个月前即1981年2月，人们发现湖面上漂浮着几具成年大象的尸体。

死因似乎是每头大象的胃部都有两个很大的刺伤。

这不是枪伤，且这些大象的象牙还在，说明不是偷猎者所为。当地人说杀死这些大象的是生活在附近森林中一种长角的怪兽。

他们称这些神秘动物为"埃米拉–恩图卡"，意思是"大象杀手"。

几乎每个报告都说这种动物的大小如大象（或略大），四条粗腿从下面支撑着身体，有一条长而粗的尾巴。脸部看起来像犀牛，前边长着一支独角。

它可以自由自在地生活在水中或陆地上，以植物为食，但它确实以其那支巨角杀死过大象或水牛。麦克尔在1987年出版的《活着的恐龙》一书中认为，这种动物如果真的存在的话，很可能是一种史前犀牛或长有角的恐龙，如三角恐龙。

麦克尔也收集了一些关于动物"姆比路–姆比路–姆比路"的不太精确的报告，这种动物"背上长有竖板"，听起来像剑龙。关于动物"恩古玛–莫内内"的目击案后来证明更为可信些。

这是一种类似大蛇的爬行动物，背上有锯齿状的脊，身体侧部长有四只腿。这种动物的目击者中包括美国传教士约瑟夫·埃利斯，他自称于1971年11月看到这样一只动物从马塔巴河中上来走进高高的草丛中。

埃利斯没有看到这只动物的全貌（没看见头和脖子），但从所看到的水线上面的那部分身体，他猜测它的身长超过9米！

埃利斯对刚果的动物非常熟悉，肯定这只动物绝不是一条大鳄鱼。根据当地人的一些目击报告（这些报告描述过它的头和长长的尾巴），麦克尔认为这

种动物介于蜥蜴与蛇之间，可能是史前留下来的一种形似蜥蜴的半水生动物，即长龙。

1932 年，生物学家伊凡·桑德森与动物标本收集家杰拉尔德·拉塞尔，在喀麦隆西部梅纽河一部分的曼非池塘中，曾有过一段奇怪而可怕的经历。

他们俩及当地的向导分乘两条小船沿着陡峭的河岸前行，河岸沿水线成点状分部着。

他们突然听到一声震耳欲聋的吼声——似乎几个巨大的动物正在一个洞里厮杀。

湍急的漩涡把两条船吸向发出如雷般响声的那个洞口。

这时桑德回忆说，那里"传来另一声巨响，一个非同寻常的庞然大物跃出水面，把水搅成了雪利酒色泡沫状，随着又一声巨吼，它又投入了水下。这种'东西'颜色黑亮，是一种什么动物的'头'，形状像一头海豹但更为平滑。其大小与一头成年的河马一样——我指的是'头'。"

桑德森与拉塞尔决定不再停留以发现更多的东西。上岸后，他们发现了一些巨大的脚印，这些脚印肯定不是河马留下的，因为这一地区并没有河马存在。

土著人说这种可怕的动物已把河马全部杀光了。但这种动物并不是食肉动物，它们是以生长在河两边的藤蔓植物的果实为食。

桑德森说，土著人称这种动物为"姆库-姆班布"。

如果两位探险者所看到的真是这种动物的头部的话，那么它很可能就不是那种与蛇颈龙相似的动物"莫克雷-莫比莫比"（蛇颈龙的头较小）。

50 年后，麦克尔在自己的探险中发现，当地人使用同一词汇形容任何一种生活在河流、湖泊或沼泽中的大型危险动物。

南美的恐龙

阿瑟·柯南道尔爵士在其 1912 年出版的小说《失去的世界》中，描写了一队历尽艰辛的英国探险者在南美洲亚马孙河盆地发现了一个与世隔绝的地方，那里生活着一些历经数百万年沧桑的史前怪兽。

几十年来，这个故事已令世界各地的读者爱不释手，但奇怪的是，现实生活中，却很少有来自南美的关于恐龙目击案的报告。

然而 1911 年 1 月 11 日的《纽约先驱报》刊登了一个案件，文章的作者是一个叫弗朗兹·赫尔曼·施米特的德国人。

1907 年 10 月的一天，他和同伴鲁道夫·费伦船长及印第安人向导，来到了秘鲁一个偏远的山谷里，里面到处是湖泊与沼泽。他们发现了一些由某种未知动物留下的巨大而奇怪的脚印，脚印两旁是被压倒的树木与草丛。

这地方的奇怪之处还在于见不到本应常见的短鼻鳄、美洲鬣蜥与水蛇。

尽管向导们都十分恐惧，探险队还是决定当晚在山谷中宿营。第二天早晨，探险者们返回船上继续搜寻这种神秘的动物。

不到中午，他们就在岸边发现了一些新留下的脚印。费伦宣布不管存在多大的风险，他都要上岸追踪这种动物。

就在这时，他们听到了正在附近的一棵树上采集浆果的一群猴子发出刺耳的尖叫声。

施米特说："半隐在树枝间的某个巨大的黑色物体猛然从猴群中跃起，引起巨大的骚乱。"

被吓坏了的向导们快速划桨驶离岸边，费伦与施米特没能看清什么，但听到了"树木骚动的声音，一种像巨桨拍水的声音，夹杂着猴子们快速逃离湖岸时发出的尖叫声"，然后是一片沉寂。

大约 10 分钟过后，湖边的树木再次被搅动起来，探险队终于看到了这个"可怕的怪兽"。这头怪兽根本无视他们的存在，进入水中并来到距他们仅 240 米的地方。

这头动物非常大，施米特认为它约有"10米长，其中仅头和脖子就占了至少3.6米"。它的头"有一个啤酒桶大，样子像貘（四不像），嘴好像是用来推开东西或握住东西用的"。

脖子像蛇但非常粗壮，没有前腿，取而代之的是"又大又重的带有爪的鳍状肢"。其"又重又硬"的尾巴上覆有"粗硬的角质块"，事实上，这种动物整个身体表面就像鳄鱼皮一样。

费伦与施米特举起来复枪向它射击。子弹似乎惹恼了它，但没有血流出来，射在这只动物头部的一颗子弹滑了出去，就像射在一块坚硬的石头上一样。一共开了7枪，每一枪都击中了目标。为了逃避射击，这头怪兽翻身入水，溅出的波浪几乎掀翻了他们的小船！游出一段距离后，怪兽又露出水面，在凝视我们几秒钟后，它向他们游来。

因为他们射出的子弹对于它来说似乎根本就是隔靴搔痒，他们不得不决定逃走。行至一个小岛后面时，已看不到它了。他们没有再去招惹它，心中因有幸逃离而感到欣慰。

巨大的脚印

施米特的报告说，探险队沿索里梅斯河以后的行程就没有什么重大发现了。

由于费伦几个月后死于热病，关于这一传奇般神秘动物的目击事件也就没有第二个证人了。然而，施米特的报告并不是唯一描述生活在南美洲沼泽地巨兽的。

20世纪初期，珀西·福西特中校正在秘鲁、玻利维亚、巴西三国交界处沿埃克河岸两边的沼泽（距施米特与费伦历险地有几百英里），为英国皇家地理学会进行测量时，当地居民曾对他说起该地区看到过"某种巨兽的脚印"。但当地人也承认说他们也没有亲眼见到过留下这些脚印的巨兽。

福西特说在更靠南部的沿秘鲁与玻利维亚边界，也曾发现过某种未知动物留下的脚印。

翼手龙之谜

弗兰克·麦兰德是一位英国人，1911－1922年，他曾为当时管辖非洲南部的英国殖民当局效力，担任一个地区的行政官（这个地区现在属赞比亚共和国管辖）。麦兰德对自然历史怀有浓厚的兴趣，是皇家人类学学会、皇家地理学学会和皇家动物学学会三个学术团体的会员。

麦兰德在非洲期间，曾对当地一些部落中所盛行的巫术做过大量调查，回到英国后，于1923年出版了《巫术盛行的非洲》一书。在这部主要研究巫术的著作中，麦兰德提到了一件十分有趣的事。他说有一天听一些当地人讲起一种奇特的咒语，这些人认为在某些渡口过河时必须念这种咒语，否则就有可能遭到一种名为"刚弋马托"的猛兽的袭击。

听到这些，麦兰德对动物学的兴趣一下子被激起来了。他连忙问这种被当地人称为"刚弋马托"的可怕动物到底是什么东西。结果，对方作了一个十分离奇的描述，让他听了惊诧不已。

他们说这种怪物会飞，如果它不是鸟类就一定是别的什么会飞的动物。它的身子有点儿像蜥蜴，翅膀像蝙蝠，双翼展开时有1～2米宽。麦兰德在自己的书中写道："听到这儿，我赶紧吩咐人把家里两本印有恐龙图片的书拿来，让当地人一个一个地辨认书中的图片。当翻到印有翼手龙图片的那一页时，所有人都毫不犹豫地指着它嚷道：这就是'刚弋马托'！据说，'刚弋马托'生活在丛林深处的沼泽地中，他们在姆沃姆贝滋河上游靠近扎伊尔边境的地带出现的频率最高。"

在赞比亚以南的津巴布韦，也有过目击到类似动物的报告。有一位曾在津

巴布韦任职的殖民官员给英国记者 G. 沃德·普赖斯讲过一个十分有趣的故事。

这位官员说，他所管辖的地区有一片很大的沼泽，不知为什么，当地人对这片沼泽怀有极大的恐惧心理，许多人死也不肯进去。终于有一天，一个天不怕地不怕的愣头青年只身闯进了沼泽之中。

一两天后，这个家伙浑身是血地逃了回来，人们发现他的胸部有一道深深的伤口。他说自己在沼泽中受到了一只巨鸟的攻击，这巨鸟的嘴又长又尖又利。那位官员把一本印有各种史前动物图片的书拿给这个被啄伤的人。

这家伙默不作声地看了起来，当翻到印有翼手龙图片的那一页时，他突然大叫一声，丢下书就没命似的逃走了。

那位官员告诉普赖斯说："在我看来，那片面积广大、从来没人能穿越过去的沼泽里，很可能仍然生活着亿万年前残留下来的翼手龙。"

对于这种很像是翼手龙的怪物，如果有人声称在非洲那片与世隔绝的丛林沼泽中发现过它们，似乎还让人容易接受一些。但是，如果有人说在人类足迹几乎踏遍了的北美大陆上也发现过它们，那就更让人觉得不可思议了。

1890 年 4 月 26 日，一家名为《墓志铭》的美国报纸刊登出一条令人震惊的报道，这篇报道夸大其辞的成分似乎有些过分了。作者称几天以前，两名骑手在穿越距墨西哥边境约 24 千米的一片沙漠时，突然看到空中飞来一只巨大的怪物。据目击者称，这只"飞怪"体长超过 27 米，它那两支形似蝙蝠的翅膀在展开时竟有 48 米之宽。同蝙蝠翅膀一样，它的双翼上也没有羽毛，而是裸露着粗糙的厚皮。它的头部有 2.4 米长，两颊张开时露出上下两排尖利的长牙。报道中声称两名骑手当场就开枪打死了这只"飞怪"。

1969 年，有一家杂志重新登出了 80 年前由《墓志铭》报刊登过的那篇报道。这次重登时，原文中所有神乎其神的成分都被全盘照搬。

一位年事极高的老人在看过重登出来的报道后站了出来，他说自己在孩提时代曾结识过报道中提到的那两位目击者，并曾亲耳听他们讲起过有关"飞怪"的故事。老人觉得有必要澄清报道中的夸大成分，以便那个真实的故事不至于被篡改得无人肯信。他说，那两位骑手是他们家乡赫赫有名的牛仔，他们确实在 1890 年 4 月下旬的一天看到过一只以前从未见过的会飞的怪物。

这只怪物有一对不长羽毛的翅膀，但这对翅膀没有报纸上吹嘘的那么大。实际上，它的翼展只有 6~9 米宽，而不是传说中的 27 米。

当然，这已经称得上是巨翅了。两名骑手也确实曾举枪向"飞怪"射击，但没能将其击毙。

"飞怪"在中枪后有两次几乎栽落到地面上，但每一次都挣扎着又飞了起来。最后，当两位牛仔离开时，这只受了伤的巨怪仍然在半空中扑腾。

在距今更近的 1976 年 2 月 24 日，得克萨斯州的三名中学教师驾车外出办事。

正当他们行驶在距墨西哥边境很近的一条乡间公路上时，他们突然感到自己的汽车被一个很大的黑影罩住了。三个人不约而同地抬头去看，发现汽车正上方很低的空中正飞行着一只巨大的怪物。这只"飞怪"长着一双巨翅，翅膀上没有羽毛，裸露在外的皮肤绷得紧紧的，从下面可以清楚地看到支撑起这双巨翅的那些长长的骨骼。这对翅膀倒很像蝙蝠的双翼，只是它们大得出奇，在完全展开时达 4~6 米宽。

教师们被这只"飞怪"惊呆了，他们从未见过甚至从未听说过这样的怪物。事后三个人花了很多时间去翻阅各种资料，想搞清楚它到底是什么东西。

他们觉得哪怕曾有人发现过任何一种与之相类似的动物，不管是活的还是死的，都有助于解开他们心中的疑团。

最后，三位老师终于在一本书中找到了一种与他们所看到的"飞怪"最为接近的动物，那就是翼手龙，一种长着巨喙、翼展达 9 米的会飞的恐龙。不过，这种动物早在 6500 万年以前，也就是恐龙时代结束时就在地球上灭绝了。

他们看到的会是翼手龙吗？三位老师心中的疑云更浓了。

这种飞怪的活动范围或许可以覆盖到更靠北的地区。1981 年 8 月 8 日清晨，一对夫妇驾车穿越宾夕法尼亚州的塔斯卡洛拉山，他们突然发现眼前跑出两只形似蝙蝠的动物。

这两只长着翅膀的家伙显然因汽车快速驶近而受到了惊吓，它们张开双翅

像受惊的鸭子一样蹒跚着向前奔跑，拼命挣扎着要飞起来。它们的双翅没有羽毛，完全展开时有 15 米宽，几乎接近公路的宽度。

没多久，两只怪物就腾空而起，向远方飞去。坐在汽车内的夫妇二人一直紧盯着这两只咆哮着的巨怪，直到它们消失在天际。

从二人所描述的情况来看，他们所看到的也很像是翼手龙。难道它们真是生活在史前时期的那种会飞恐龙的后裔吗？

所有这些目击事件都无法用现有的科学知识去解释。在持正统科学观念的人看来，这些目击者肯定是发生了错觉或幻觉，不然的话，他们就是在为哗众取宠而设置骗局。

不过，科学研究已经证实，在北美大陆上确实生活过翼手龙一类的古代动物。1971－1975 年，在得克萨斯州的西部，一共出土了三具翼手龙化石。

经鉴定，它们都生活在恐龙时代的末期。尽管三具骨骼化石都不完整，但仅凭已经找到的骨骼就完全可以推算出这种翼手龙的翼展大约有 15 米宽。

迄今为止，这三具化石不仅是我们所发现的最大的飞龙化石，也是距今年代最近的飞龙化石。

从现有的资料来看，它们很可能是地球上最后的翼手龙。也许有一天我们能找到距今年代更近的翼手龙化石，或许还能挖出几具它们的遗体呢。

恐龙再现的传闻是否可信

据说，一支筑路工程队在美国内华达州的一座山上开凿隧道，在爆破一块巨大岩石后，突然发现一处深陷的恐龙巢穴，里面有 5 个像足球大小的椭圆形恐龙蛋。

令人惊奇的是，其中一个恐龙蛋发出"咔吧咔吧"的响声，紧接着出现几道裂缝。大家惊异地目睹着一只小恐龙破壳而出，可是这只刚刚降世的小恐龙好像被那强烈的爆破声震成重伤，它一直不断地摆动着小脑瓜，可怜地张着小嘴频频地呼吸着。

然而，使人惊恐不安的是，这只刚出世的划时代宠物便奄奄一息地倒下了。

于是弗朗克·沙罗工程师便为这只奄奄一息的小恐龙做人工呼吸。

当这只小恐龙苏醒过来时，筑路工人们立刻把它和另外 4 个恐龙蛋小心翼翼地放到汽车里，把它们护送到工程队的营房。

弗朗克·沙罗马上把那只身体脆弱的小恐龙放到保温箱里，还为那 4 个尚未出世的"小家伙"准备了一个类似孵化器的保温箱，以防万一。

到第三天清晨，弗朗克·沙罗前来察看，顿时大吃一惊，两个恐龙蛋已成空壳，坚固的水泥墙却出现一个大窟窿。原来那两个破壳而出的"小家伙"，早已钻墙逃之夭夭。

弗朗克·沙罗慌了手脚，连忙操起电话把此事报告警察局。不久警察局请来了美国著名生物学家格贝尔·马克普雷特博士，还有一些新闻记者一同赶赴现场。

他们在弗朗克·沙罗的带领下，沿着小恐龙逃跑留下的"蛛丝马迹"，终于在一个大山谷里找到了那两只小恐龙。

可是仅一两天时间，小恐龙就能长成 8 米长的庞然大物，一口强劲锋利的牙齿清晰可见，它不仅能咬穿木板墙，还能咬穿坚硬的水泥墙，简直不可思议。

格贝尔·马克普雷行博士认为，新出世的小恐龙是一种食肉类两栖爬行动物，约 1.45 亿年前它能对地球上的所有生物构成严重威胁，只要这两只破壳而出的小恐龙是异性个体，它们便能很快在地球上繁衍起自己的后代。不过，美国内华达州山区的自然生态环境较之恐龙鼎盛时期的侏罗纪时代的自然生态条件简直是天壤之别。因此，这些新降生的恐龙后裔能否适应新环境幸存下来，仍是个非常令科学家们困惑不解的问题。

另外，这些活灵活现的出土文物——恐龙蛋何以经历 6500 万年之久仍能自

然孵化出恐龙幼体来？破壳而出的小恐龙为何能长出一口钢牙利齿咬穿水泥墙逃之夭夭？而且在一两天之内能迅速长成 8 米长的巨兽？对这诸多问题的回答还有待科学家们进一步探索和研究。

恐龙的皮肤是否有色

1995 年，在北京中国历史博物馆宏伟的展览大厅里，举办了一个别开生面的机器恐龙博览会。

展出的机器恐龙不仅个个栩栩如生，而且色彩鲜艳，令人耳目一新。

只见正在捕食的霸王龙，身上布满了老虎一样的条纹；角龙的脖子上涂着蝴蝶般美丽的图案，而背脊却漆黑发亮。

有的少年朋友也许会问了：我们过去在自然博物馆或电影里看到的恐龙，差不多都是草绿色或土黄色的，为什么这个博览会上的机器恐龙却是五彩缤纷的呢？恐龙到底是什么颜色呢？

古动物学家告诉我们，早在 6500 万年以前，恐龙就已经在地球上绝迹了，所以，根本没有人见到过真正的恐龙。

1822 年，英国的一位青年乡村医生曼特尔在出诊的路上，第一次发现了恐龙化石，复原了恐龙的骨架，然后再根据丰富的想象，才画出了恐龙的形象和色彩。

其实呀，对于"恐龙到底是什么颜色的"这个问题，科学家们的意见也不大一致。

现在的古生物学家们普遍认为，恐龙实际上并没有全都断子绝孙，鸟类的祖先就是一种吃肉的小型恐龙——虚骨龙。

有的恐龙专家根据这个观点推论：恐龙和鸟类一样，为了结识和亲近异性的恐龙，就必然把自己装扮得醒目诱人，而鸟的冠和脖子一般都是色彩鲜艳的，所以恐龙身体的这些地方也应该是色彩鲜明的。

前边提到的恐龙博览会上的机器恐龙，就是在这些专家的指导下设计制造的。

他们还认为，恐龙身体的颜色还跟它的视觉有关，恐龙的眼睛和鸟类一样，不仅很大而且具有识别颜色的能力。

所以，恐龙既有炫耀自己的需要，又有识别颜色的能力，它的身体应该是绚丽多彩的。

但是，也有一些学者持相反的意见。

他们认为，羽毛色彩艳丽的鸟差不多都是小鸟，而很多大鸟像鹰、鹭的羽毛颜色就比较单一，所以不能简单地把恐龙跟鸟类相比，那些色彩鲜艳的机器恐龙不应该放在博物馆里，因为它们是不科学的，是想象出来的东西。

还有人说，爬行动物的身体差不多都是一个颜色的，所以恐龙的身体也应该是一个颜色的。

坚持这两种对立观点的专家谁也说服不了谁，也很难判定他们谁对谁错。

有的学者就把两方面的观点结合起来考虑。

前些年，考古工作者们发掘了一处鸟龙类恐龙住的地方，发现它们的栖息地特别像鸟群的窠。另外，这些鸟龙类恐龙从刚孵化出来，到长到 1 米多高的一段时间内，都是不离开巢穴的，这一点也和鸟类的生活习性有相似之处。

所以，这些学者认为，恐龙的颜色很可能跟鸟儿差不多——大型的恐龙是单一颜色的，而中、小型的恐龙则是多颜色的。但这也是一种推测。

恐龙到底是什么颜色？这个问题至今还是个千古之谜。这个谜底等待着少年朋友们今后去揭开它。

"船帆"引发的谜案

异齿龙是 25 000 多年前的一类似哺乳爬行动物，属盘龙目。它的特征是，脊椎骨的棘从颈部直到尾部都强烈伸长，在背部中央达到最大高度。这些棘上肯定蒙着一层皮膜，形成一种纵行的"船帆"。

这种"船帆"是干什么用的呢？曾经有好几种推测。

早在发现盘龙化石的柯普（1840—1896）认为，这种"船帆"是动物用来乘风破浪、漂洋过海的装置。这意见遭到哈佛大学罗美尔教授的坚决反对。他认为，盘龙类根本不可能有很高的智慧去操纵这种"船帆"。如果一条船从前到后装上这么一面僵硬的帆，那它就很容易向旁边漂去。这种动物即使有深入水下的"龙骨"，它也可能被大风吹得肚皮朝天。

有人认为这种"帆"是一种保护装置，这也是不可靠的。如果像另一类盘龙——楔齿龙那样具备稍高的棘突，还可以设想那是用作强大的颈肌和背肌的附着点的，就像现代的牛似的。可是像异齿龙这样过分伸长的"帆"，又能起多少保护作用呢？

也有人猜想它是一种伪装，使这种动物能够躲藏在植物丛中，这也没什么道理。正如罗美尔批评的，如果根本就没有这些棘，躲藏起来岂不更方便些吗？

那么它也许是一种心理上的武器吧！使这些动物看上去又大又怪，以此吓退侵犯它的敌人，就像我们现在还能看到的很多动物，当敌人侵犯的时候，竖起羽、毛像棘那样。可是异齿龙的棘却是一直竖在那儿的，所以这种说法也不能令人信服。

还有一种说法是伟大的古生物学家奥斯本（1857—1935）提出来的。罗美尔常常回忆起年轻时代的这件事：有一次，奥斯本问他，是不是注意到异齿龙与楔齿龙非常相似。奥斯本说："它们太相似了，不同的只是异齿龙有帆状结构。"接着他又问罗美尔是否考虑过：它们是同一种动物，异齿龙是雄性个体而楔齿龙是雌性个体。罗美尔回答道："您想得真妙啊，怪不得它们会绝灭哩！因为所有雄性都住在得克萨斯州，而所有雌性都住在新墨西哥州。早在二叠纪的时候，两州之间还隔着一片辽阔的海洋。"

许多年以后，罗美尔认真地考虑了这个问题。他设想在这面"帆"上布满着丰富的血管，当它迎着太阳光的时候，能够把辐射热吸收进血流之中，并随即循环到全身。当它要切断热源的时候，它只要掉转身子，用头或尾端朝着太阳就行了。它甚至还可以利用这面"帆"把身体内部的热辐射出去。

最近，雷丁大学应用物理学系的两位科学家，彻里·布拉姆韦尔夫人和彼得·费尔格特教授，对异齿龙的"帆"做了一些计算，以便检验罗美尔的理论。他们发现，一只大型的异齿龙要是有一面"帆"的话，它只需要80分钟就可以使自己的体温从26℃的最低温度上升到32℃这样一个活跃的温度；反之，如果没有帆状结构，要升到32℃，就要花205分钟。

当其他的动物由于头天夜晚的寒冷仍处于昏睡之际，对于一种食肉动物来说，上面说到的那种活跃状态显然是大有好处的。它可以利用这种机会起个早，很方便地给自己抓一条仍在睡觉的四脚蛇当早点吃。相反地，异齿龙在白天的高气温里，又能够或多或少地随意控制自己的体温，具有迅速散发体热的能力，这也一定有很大的好处，因为其他爬行动物在耐不过酷热的时候，可以躲藏到阴凉的树丛里，而像异齿龙这样的庞然大物，就很难找到藏身之处了。

这种动物或许还有随意控制血液进入帆状结构的能力，在夜间限制血液流入帆状结构，就可以减缓热量散发的速度。它们或许能够通过神经系统或者内分泌的调节，来控制帆状结构表皮颜色的变化。因此，当它们需要热量的时候，就使皮肤的颜色变暗，这样就可以吸收较多的热量进入血流；当它们需要降低体温的时候，帆状结构的皮肤就变成白色，把可见光线全部反射回去，甚至能够把光谱里的红外线也反射回去。

总之，由于有了这种帆状结构，异齿龙就能够比那些无此结构的竞争者和被捕食者，在每天 24 小时里有长得多的活动时间，也使异齿龙在相当长的地质时期中相当成功地生存着。

尽管有这么多优越的地方，它们还是在二叠纪的中期全部绝灭了。取代盘龙类的是兽孔类，它们并存了一段时期。兽孔类虽然没有帆状结构，但有更合适的生活环境，或者体内有较好的控制体温系统，而不再需要那种笨重的外部器官，仍然能够达到最大活动量，使它成功地生存了 3500 万年。

会飞的"中国龙"

2002 年，世界的目光再次投向到了中国的"恐龙之乡"——辽西。以前，这里曾发现了北票龙、始祖鸟，现在，中、美、加三国学者又发现了猎龙化石，虽然发现的这具化石身长不足 1 米，在恐龙家族中绝对算是个"小块头"，但因为它的前肢已经演化成像鸟一样可以向两侧伸展的翅膀，身上具有从恐龙向鸟类演化的过渡特征，从而使它成为了"鸟类起源于恐龙"理论的又一重大证据。中国科学家也由此处在了"鸟类起源"研究的最前沿。

在 2002 年 2 月 14 日出版的英国《自然》杂志上，刊登了中科院古脊椎动物与古人类研究所徐星博士发表的相关论文，为世人揭开了"中国猎龙"的神秘面纱。

此次发现的猎龙化石全称为"张氏中国猎龙"，之所以这样命名，主要是为了纪念牵头进行"热河生物群综合研究"的中科院院士张弥曼女士。这个项目从 1997 年开始启动，十几位中国科学家每年都要在辽西、冀北地区进行为期 2～4 个月的野外发掘。近年来仅恐龙化石就发现了十几种，包括鹦鹉嘴龙、小盗龙、热河龙、尾羽龙等。这些恐龙都生存在1.3亿~1.1亿年前之间。

"张氏中国猎龙"化石的发现也很偶然。在2001年的六七月，包括徐星在内的十几位中外科学家在辽宁省北票市一个名为上园的小镇上发掘出了一些与众不同的恐龙骨骼化石。

其中的两具"张氏中国猎龙"令科学家们尤为惊喜，一块保留了相对完整的头骨构造和不太完整的头后骨构造，另一块则恰好保留了完整的头后骨构造。

仔细观察这具复原的猎龙化石，我们不难发现它与往常出现在各种科幻片中的恐龙有很大不同。首先是它不足1米的短身体和"超长"的后肢就显得很不成比例，它的前肢已经演化成像鸟类一样的翅膀，垂下来只及身高的1/3。

徐星解释说，这表明中国猎龙的运动方式已经与已发现的大多数其他种类恐龙很不相同，它运动的支点已经从臀部向股骨和胫骨之间转移。

同时，中国猎龙嘴部的构造也很像鸟喙，嘴里长着细小的牙齿。而被羽毛覆盖的脑袋更酷似鸟类，这只中国猎龙脑袋大小近10厘米，在素以"愚蠢"闻名的恐龙家族中已算是具有"聪明脑袋"的了。

它的颅腔和髋骨的比例也更接近鸟类。此外，中国猎龙的脑颅结构和始祖鸟相似，都具有复杂的围耳窦系统。

在中国猎龙脚趾的构造上，也能看出恐龙向鸟类进化的痕迹——它每只脚上有三趾，趾上都长着长而锋利的鸟类形状的弯趾甲，表明它非常凶猛。

为什么辽西会拥有如此丰富的古生物化石资源？徐星认为，辽西特殊的地质条件以及河流湖泊的良好发育情况都是这里保留有诸多古生物化石的良好成因。

在遥远的1亿多年前，辽西曾发生过很频繁的火山活动，虽然古生物在火

山爆发中大量死亡，但火山爆发后所形成的地质条件恰恰是保存这些古生物尸体并使这些尸体随岁月流逝而形成化石的最好条件。

虽然在化石上没有发现羽毛的证据，但徐星等恐龙专家根据系统发育得出中国猎龙也长着羽毛的结论。在制作复原图时，他们有些保守地为中国猎龙披上了一层绒毛。

而事实上，中国猎龙的前肢和尾巴上可能已经长有类似尾羽龙那样的现代鸟类羽毛。国际学术界一般认为，鸟类是由兽角类恐龙中的一支——小盗类恐龙演化而来的，而小盗龙又包括驰龙、窃蛋龙、镰刀龙和伤齿龙等类型。

前三个类群的"恐龙代表"都已经在中国辽西地区发现，只有伤齿类恐龙的类型研究收获甚少。"张氏中国猎龙"的发现，无疑填补了这一空白。

"张氏中国猎龙"的故乡辽西，这里存在着世界上最丰富的古鸟类化石群，包括世界上最早的有喙鸟类孔子鸟和现代鸟类最早的祖先辽宁鸟等。而且，地球上最早的花也曾在那里盛开，从而被世界广为关注。

因为无论是在古鸟类化石的种类、数量上，还是在保存的精美性方面，中国辽西都是当之无愧的"白垩纪生物乐园"。